玉石收藏与鉴赏指南

PINZHU SHANGYU
YUSHI SHOUCANG YU JIANSHANG ZHINAN

常奇
编著

上海科学技术出版社

图书在版编目(CIP)数据

品珠赏玉：玉石收藏与鉴赏指南／常奇编著．—上海：上海科学技术出版社，2012.7

ISBN 978-7-5478-1307-2

Ⅰ．①品… Ⅱ．①陈… Ⅲ．①玉石-鉴赏-手册②玉石-投资-手册 Ⅳ．①TS933.21-62②F724.787-62

中国版本图书馆CIP数据核字（2012）第102895号

责任编辑：赵琼艳
封面设计：房惠平
装帧制作：谢腊妹

上海世纪出版股份有限公司
上 海 科 学 技 术 出 版 社 出版、发行
(上海钦州南路71号 邮政编码200235)
新华书店上海发行所经销
上海中华商务联合印刷有限公司
开本 787×1092 1/16 印张 17.5
字数：350 千字
2012年7月第1版，2012年7月第1次印刷
印数：1－8250
ISBN 978-7-5478-1307-2/G.247
定价：88.00 元

前言

本书脱胎于2007年出版的《玉石鉴赏完全手册》，五年间已经多次印刷，并有幸荣获了第21届华东地区科技出版社优秀科技图书二等奖。许多读者通过来信、电话等方式对我进行鼓励、勉励、激励，也有不少读者上门求助鉴别、评估所藏珍品，亦有想求购实物或想送子女拜我为师的。以书会友，以玉怡情，不亦乐在其中乎。

随着年龄的徒增，在内心深处却多了一份人生哲理的遵循。“知止而后有定，定而后能静，静而后能安，安而后能虑，虑而后能得。物有本末，事有始终。知所先后，则近道矣。”在多元文化的慷慨气氛中，出版物风靡、速朽、此起彼消早已是司空见惯。思想与艺术创作的距离，看似容易却艰辛，鉴赏的主观判断和文字的实录，其间尚有云泥之别。言之无文，行之不远。

本书经补充、修改、换图后重新出版，原有的架构仍予保留，不求精深，但求精准，旨在剔除空洞冗赘之叙事，增添美学鉴赏之启迪。要想写出在玉石鉴赏与收藏方面真实的经验，专业与敬业缺一不可。把自己蜷缩在一个谦恭的躯壳里，凡是尔云我云，抑或膨胀到稀薄而没有实质内容的似是而非的说教之中，是绝对无法让读

QIANYAN

者感到本书应有的消费价值、收藏价值、参考价值以及有限时间有效阅读的目的。

中国戏曲文学理论家章诒和先生在《陆伦章剧作选》序中写道：“科学、宗教、艺术是人类面对自然与社会的三种不同的、彼此无法替代的独立认知方式。不同的认知方式也就相应地产生着不同的作用，科学可以使人获取更好的生存条件，宗教安顿人的灵魂，而艺术则作用于人心和人性。”

艺术对于荡涤人心的不古、庸俗、市侩的一面起着清流新风的作用。同样，人类对于艺术的追求，也有某种本能含蕴其中。艺术是对于生命的欣赏，只是在不为你所知的情况下，经受了时间的考验和有机的过滤。人心和人性所促成的境况，也许就移情别恋、世说新语。

多年来为我提供实物、照片及信息、素材的朋友，我要在此致以崇高的谢意，对业已成为挚友的读者朋友更应表示由衷的敬意。再次殷切期待着您的促读与点评。

编　者

目录

MULU

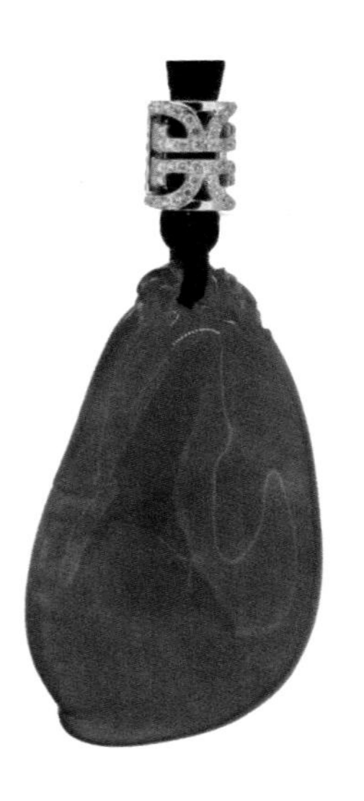

目录

MULU

目录

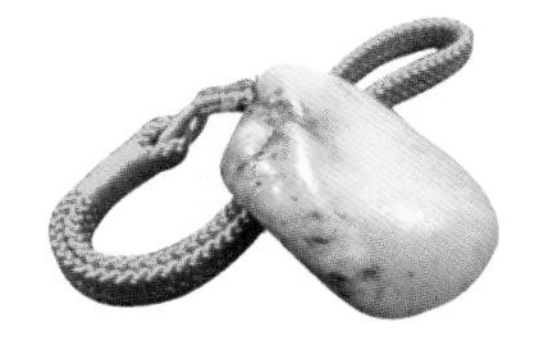

MULU

第一章

玉的概念

一、玉的含义
二、玉器使用与制作历史
三、玉石之路
四、玉雕行业的发展与思考

一、玉的含义

“女娲炼五色石以补苍天”，缤纷的彩石弥合了共工撞倒不周山后留下的天空。大地上的植物、动物、河流山川、沧海桑田又复归往日的安宁静谧。补天的石头是从何而来的呢？《绎史》释其为：“首生盘古，垂死化身……皮毛为草木，齿骨为金石，精髓为珠玉，汗流为雨泽……”是盘古使金石旋生天地之气，别开光明之界。

盘古神话，是早期人类为生存而与自然奋斗的文学演绎，是从自然走向文化的历史，是浓缩的人为艺术。“良无盘石固，虚名复何益？”盘，作动词解释有询问、盘问、流连之意，兼有游乐的本意。盘石也作“磐石”解。盘古应是玉祖先师，是玉神。

抚摸着生命的原点，
凝视这神奇的结晶；
翻滚，旋转，震动，跌宕……，
成就了沧桑和存在的永恒。
大自然之用心未必然，
而拥有者之用心未必不然？
在纯化的艺术中，
让我们开启求索的心路历程。

盘古·玉神·禅

巴西水晶玛瑙

山峰的每一条矿脉，石头的每一个基本粒子，无不包罗万象，生生不息。山脚下，河滩边撒落着千姿百态、色彩斑斓，极为罕见有趣的顽石。先民们一一拣拾，精心藏匿。其中某些“纹石”又通过模拟刻划，衍生出令人赏心悦目的风采。在代代相传“盘玩”的过程中，探骊得珠，蓝田生玉；循法以动，因时而化。盘出了教化、威化、清化的作用，盘出了中华“玉”文化的精髓。无生命的物质，变成了有生命的对象。

我们祖先对玉（石）的认识，有一个循序渐进、逐步统一的过程。《说文》对玉的定义是：“玉，石之美，有五德。”美石只是广义上的泛指，在历代的注释中又有不同的称谓。如：石之美好者、石之美者、石之似玉者、石之次玉者。《石雅》曰：“古人辨玉，首德而次符。故玉贵德不贵符，然此亦惟为知玉者言之，必执是以为衡。则古之称玉者，如水玉，遗玉，火玉，栗玉，软玉，青玉，瀛洲玉，冷暖玉，观日玉以及玉脂、玉膏、流黄、石磷之类，其非今之所谓玉者审矣。”古人提倡玉德，把“仁、义、礼、智、乐、忠、信”的道德观念依附于玉。尚有“九德”、“十一德”及“六美”之阐述。《玉藻》曰：“古之君子必佩玉，进则揖之，退则扬之，然后玉锵鸣也。”君子无故，玉不去身，进退告之，光耀自照。玉的内在本质以一种形而上的精神情操，呈现在了世人面前，把玉拟人化了。这是当时根据玉的自然属性，并结合儒家的道德观念而产生的伦理，在一定程度上也反映了玉卓尔不群的固有特性。

南京雨花石（缟玛瑙）

我国境内广西、云南、贵州等地所产彩石

由于玉的定义“石之美”比较模糊，古人为解决这个问题，也曾变换角度，从玉的物质属性方面予以解释。《周礼》云：“玉多则重，石多则轻。”《盈不足术》云：“玉方寸重七两，石方寸重六两。”《辞海》承袭了中国古代关于玉的阐述谓：“温润而有光泽的美石。”古代用玉不仅包括和田玉（软玉）、岫玉（蛇纹石）、独山玉（黝帘石化斜长岩），而且包括密玉（石英岩）、绿英石（萤石）、汉白玉（细粒大理石）、叠层石（藻类化石）、雨花石（次生玛瑙）、戈壁石、玉髓、石髓等。

1519年，西班牙人在墨西哥发现一种比金子还珍贵的石头，称其为“宇宙之石”。它被译成法语，又转译成英语“jade”，成了国际上对玉的称呼

新疆水晶原石

新疆和田白玉马牙仔（何成全提供拍摄）

珍珠玛瑙红鞦鞨

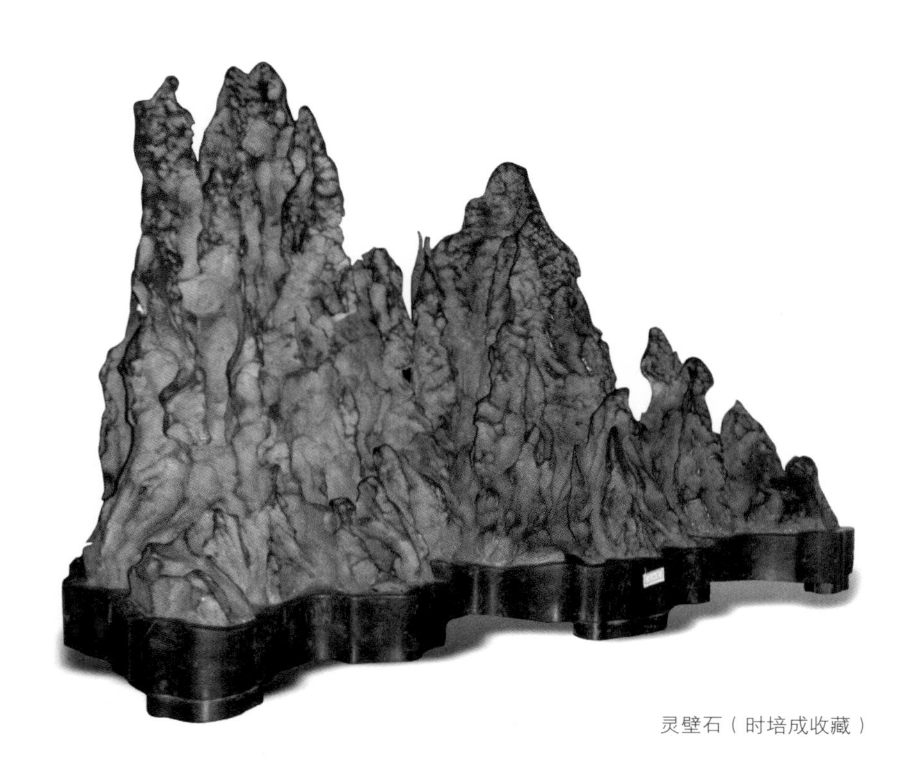

灵璧石（时培成收藏）

专用词。18 世纪中叶，八国联军在北京圆明园抢掠了大批珍宝，其中的玉器运送至欧洲。经法国矿物学家德穆尔用现代仪器设备检测后指出：“玉包括两种矿物：软玉和硬玉，是一种隐晶质集合体。”至此，玉第一次被矿物学说所界定。现在国际上通称的玉（jadeite），是指硬玉翡翠，属钠铝硅酸盐、辉石类变质岩矿物。而软玉（nephrite），则是钙和镁的硅酸盐矿物，属角闪石类。

现代矿物学将玉石分为软玉、硬玉、彩石三大类。狭义的玉只包括钙角闪石的软玉和碱性单斜晶体的硬玉，两者均为链状硅酸盐矿物。狭义的玉，它是严格按照科学方法构建的知识体系，它是人类理性地、逻辑地把握客观规律的认知及理论的成果。广义的玉，则是千百年来大量琢玉工匠、古玉的把玩收藏爱好者，以及鉴赏达人对于客观规律认识的活动成果。它未必以理性形态存在，也不具备严谨的逻辑体系，但凭经验得出的实际效果，同样符合事实。对古玉的定位与鉴别，尤其是断代，我们应注重于去

探求什么是正确的，而不是谁是正确的。广义的玉还应当包括玉髓、石髓、砾石矿物结合体的彩石与近似石，以及流淌着美的愉悦和蕴含有实用功能的天然石。

科学鉴定是微观的分析方法，是近代科学的产物。而东方传统的思维模式是直观的，强调的是它的整体概念、文化积淀。如果远古时期大量的玉石制品被排斥在古玉研究范畴之外，这也是对几千年来中国玉文化的越位与轻漫。这两种思维逻辑所引起的碰撞，想来也只能是“庶情沿物应”，“无为在歧路”。随着时间的推移，总能消化掉这一两难的命题。

云石（时培成收藏）

二、玉器使用与制作历史

铸金刻石，始传久远。“他山之石，可以攻玉”，是以石制玉阶段，原始状态的凿刻有自然浑成之感。夏商之世，宝玉尤富，启有璇台，汤作宝典。殷商时期刻在龟甲和兽骨上的文字起源，奠定了以琢刻为主的制玉方式。自商一代，珉不如玉。世居中原以玉事神。佩瑜组绶，仿铜不迭。一变而为周之“昆吾刀”，甫始有了相应的琢玉工具。周虽旧邦，其命惟新。“展九鼎宝玉，示天命所归。”老三代之器，夏尚忠，雕琢精细；商尚质，朴实简约；周尚文，缜密繁缛。承上启下，物趣自异。再变而为“汉八刀”，情理同致，寓美于朴。纹饰典雅，具象写意又不失生动的造型变化。又变而为六朝巧雕，宫廷玉器，珍玩司仪，杂而不纯，缺少古意。宋末至元、明、清新三代之剢玉一门。玉作迭出，仿古之风盛行。俗语曰：“十块古玉九块仿，还有一块乾隆仿。”这是玉雕史上最辉煌的时期。玉器的使用和制作方式经各朝历代的传承演变，客观地记载了中国数千年来思想、文化及生产力的发展历程。源远流长，德泽千秋。

1．旧石器时代

考古学上指人类开始使用打制骨器、石器至磨制石器之间的历史时期为旧石器时代。原始人类由于主观认识和客观条件的种种限制，不可能制造出真正的玉物。五十万年前的北京猿人，为了生存的需要，他们以石头作器，通过相互打磨、砸击、锤敲、挤压等方法来加工各种工具及利器。

所用石质多系燧石、石英、沙砾、硅质岩等。观其类型有尖状器、刮削器、砍砸器等简单石制品。其间，先民们利用石珠、贝壳、兽牙、鱼骨等可连缀、叠架、串扎、悬挂的自然物品，就地取材，稍加整治，通过排列组合做成饰物，以满足人类本能对美的需求。在嗣后的漫长制作过程中，他们先后发明了磋磨、钻桯、染色等加工石器的新方法。极其简单的线条和圆点所组成的抽象图案，昭示着自然的原始状态。我国最早的装饰艺术，可上溯至距今约两万年前的北京周口店山顶洞人穿饰，它标志着各类装饰品的诞生和宝玉石与石器分离的端倪。

2．新石器时代

我国最早的玉器大约出现在这一时期，虽然当时玉和石尚未加以明显分离，但玉作为物质文明已逐渐超越其实用功能。到了新石器时代中晚期，考古学上亦称为“仰韶文化”或“彩陶文化”时期，无论是龙山文化、良渚文化还是红山文化都明显反映出玉器制作已经勃发。据考古证实，当时初步形成了一个北起辽河流域，南至珠江三角洲，包括东南沿海广大地区的月牙形玉器分布带。以黄河流域为中心的龙山文化在大汶口文化的基础上发展之后，又给良渚文化以强烈的影响。此阶段玉器生产已有了一定的规模，玉材已被囤积。玉工们仿照实用的生产工具，精工磨制出各类斧、锛、铲等形状的礼器，已可制作成厚度在0.2～0.5厘米的薄状器物，并开始在玉器上刻画纹饰以装饰。除了常见的锥形、冠形、柱形、柄形、方形饰物之外，最具代表性的是孕有一定宗教色彩的璧、琮大量出现。出土于上海市青浦区福泉山遗址的玉璧，直径达23厘米，厚1.4厘米，堪称璧王，为距今4 000多年前的珍贵文物。过去一直将该时期的玉璧误以为是汉代之物，现已证明应是良渚文化的瑰宝。在当时生产力和生产工具尚不完备的条件下，能制作圆形中空的玉器是种横空出世的创举。

此期的器形各有特色，如石斧，上方下圆，缘薄背厚，且无棱角可循，浑圆天成，少有打磨痕迹；有孔之器则必为滴漏状，略偏一方，穿孔之背面则顺其自然脱破之形。除了作为装饰的璧、环、珠、勾、云纹佩外，动物形玉器也较为普遍，大多素身无纹。整体造型古朴传神，讲究对称，突出器物外观的线条勾勒和碾磨技术。

玉器已大量用作宗教礼器、政治信物、仪仗陈列等层面。由于年代久远，有些出土玉器似乎很难读懂，疑为与其他材料相套接衔用，为复合制品的一部分，其他物质在地下已腐朽湮没，而玉则被保存了下来。

新石器时代晚期，玉雕的纹饰以兽面纹为主，并用方柱形的直角切面作为面纹的中线，以表现神人兽面的一种狰狞美。有人称之为“神人兽面纹”，也有人称之为“神人虎龙纹”。是沟通天地和权力象征的符节与礼器。这些艺术所表现出来的是原始的，无法用语言概括的梦魇和对无量的生命、命运的猜测，是一种无意识状态下迸发出来的思维传达，揭示了特定进化阶段所能呈现的当时社会形态和手工技能的发展，并把想象的触角深入到自身的存在中。玉器作为社会意识和精神生活的指示物，流传并引领我们贴近他们的灵魂，贴近他们的生活，这种激荡正是我们所要分享的文化内核。哪怕它是虚无异化、破碎，乃至扭曲、分裂……存在的就是合理的。玉匠的灵感可能出自于上古动植物化石图像，或者是在受到一种突发性的惊恐遭遇之后，有种把它表现在玉器上的艺术冲动所留下的永久刻痕，是远古人类雕刻在石头上的梦。此时玉匠的琢玉技巧和工具的配合已相当熟练。

3. 夏、商、周

原始社会解体后，中国历史进入了奴隶社会即夏商时期。华夏文明起源于黄河流域，由于黄河水患频繁，人们不断迁徙，整体文化中掺杂了不少宿命与迷信的因素，表现在玉雕作品上形成了一定巫术与灵物的特色。殷商王朝以纳贡、交换或掠夺等手段向各国取玉征玉，王室收到贡玉又赏赐给群臣，他们对这些玉器是极为珍爱和重视的。殷都成了当时玉器最大的生产中心。自商以来，以中原为主体的琢玉技艺因为铜器的使用、砣具的改进，呈现突飞猛进的发展。于是和田玉、夷玉、医无闾玉和荆山之璞源源不断云集市曹。长期的琢玉实践使先民们积累了辨认玉的基本经验。玉料中已有了松绿石、孔雀石、玛瑙和各种色彩的玉髓。殷王室及各方国的统治者已设有“玉府”专司玉器制作，设专职官员“典瑞”负责对各种玉材及其制成品进行鉴定、保管和使用。现代玉器生产所具备的基本物质条件当时已经都有了，在形制上也形成了玉器的典型造型。商代被周朝推翻后，百工人才奇缺，引起皇室高度重视，工艺技术得到了复苏。随着农牧手工艺之间的分工细化，玉器开始纵向发展。这是一个礼制化的时代，推行的是“周公之典”，“敬天保民”的思想，“武王载旆，有虔秉钺，如火烈烈，则莫我敢曷。”(《诗•商颂•长发》）玉成了表示等第的信物。《书经•禹贡篇》曰：“扬州贡瑶琨。”说明了当时扬州已有玉器生产。随着数量的增多，除了供官府使用的礼器、祭祀之器有贵族化倾向之外，也导致玉器走向平民阶层。

高古玉坠：虎（石髓）（薛蓉华收藏）

该玉作于赤峰地区出土。自然形成的蚀坑和闪亮的点状附着物深入肌理，浑为一体。双眼仅为似隐若现的沟纹，背后的喇叭口两面对穿贯通。整体造型简约流畅，表面非常洁净，泛着柔美的光泽，有很强的熟旧感。

夏、商、周时代是中国玉文化史上逐渐走向成熟的时代，并逐步贴近文学化了。据殷墟发掘证明，当时已存在石工、玉工、骨工、铜工场所，奴隶被迫终身从事单项劳动，生产的规模和工艺水平都已达到空前的高度。这个时期的玉制品分为礼仪、器皿、装饰三大类，艺术风格可分为扁平体和立体雕造型两类。由光身、素面发展为饰纹凿刻，所用材料通体素色或有斑斓花纹，少有杂质、僵斑、含混不清的玉质出现。造型粗犷，整体特别传神。颜色以青白、老黄、黑灰为主。《诗经》曰："天命玄鸟，降而生商，宅殷土芒芒。古帝命武汤，正域彼四方。"商族是以鸟为图腾的部落，玉鸟的造型普遍存在，并从超现实主义的凤，转向自然界中的鹦鹉、鸽子、老鹰、飞燕、白鹅、鹌鹑等。由于玉石之路的出现，标志着中国古玉文化进入了一个崭新的阶段。

古玉小摆件《骆驼》（玉髓）

圆雕造型，生动可爱。玉料完整无暇，通体一色很纯净。放在案桌上当搁笔也不错。

玉璧（李遵清收藏）

肉倍好。光素无纹，蚀迹斑斓。由内而外泛黄褐沁色。边缘稍感微薄于内孔间，孔壁光洁。经盘玩多时，由生坑变为熟地，玉性坚硬，较感沉手，外径达6厘米。

旧玉小挂件：鸟（次生玛瑙）

静中寓动，质朴中表现趣味天真。冠部、颈部、羽翼、眼睛等处线条组合的刻意变化，使整体造型注入了韵律与情感。多样统一的形式法则，不只是一串空间对象，更是一个创作过程。玉鸟能雕琢得如此富有生气，均衡有序，实属不易。

古玉挂件：龟（石髓）

“灵龟者神龟也，王者德泽湛清，”（《宋书·符瑞志》）越是动刀少的作品越难设计，此件做工极其简洁，颇具红山文化遗韵。质地为文石玉髓，硬度不高，但表面包浆厚实充盈，颇为诱人。

高古玉坠：兽（李智提供拍摄）

4．春秋战国

春秋战国时期的战争打破了社会原有的政治、经济及社会体系，使其面临新的变局。正如孟子所言：“圣王不作，诸侯放恣，处士横议。”在此背景下，长期专为皇室服务的百工星散至民间，沦为民间匠人，依靠发达的商业行为谋生。“百工居肆，以成其事”。《史记·货殖列传》：“周室衰，礼法坠，稼穑之民少，商旅之民多，谷不足而货有余。于是商通难得之

玉跪人（后期仿制品）

玉质坚密，色泽深沉，局部有土沁现象，系用和田青玉仔料雕琢而成。人物的冠饰、服饰、跪姿颇具时代特色。正面双眼暴凸有

货，工作无用之器，士设反道而行，以追时好，而取世资。”工作无用之器，可视为该时期玉雕工艺趋向的真实描述。以祭器、礼器，肖生物、尚自然为主的玉作逐步隐退，取而代之的是饰用器的刻意润色与铺陈。玉剑饰、玉带钩、玉佩饰大量兴起，玉印、玉帽饰、玉笄流行，贵族坐着用玉装饰的车周游各国，这一切都引发社会习俗趋向豪奢。“瞻彼洛矣，维水泱泱，君子至此，鞞琫有珌。……”（瞻望这片广阔的洛水景象，君子来了，他的剑鞘上布满了高贵的玉饰。）这是一幅多么美妙的景象。

由于铁制工具的普遍使用，琢玉工艺突飞猛进。该时期的玉雕作品钻孔匀称光洁，线条遒劲有力，极少见到因工具不力而残留的制作痕迹。在雕工上出现阴线、隐起、浅浮雕、多层次雕琢等闪显繁密华美效果的手法，且压地平整，纹理清晰。纹样上，卷涡纹、云纹、蟠螭纹、莲瓣纹、网纹、斜格纹、陶索纹、谷纹、乳钉纹、夔纹、动物纹等，层出不穷。

同样的工匠，同样娴熟的技法在摆脱礼教的禁锢与礼制束缚后，拓展了施展才艺的无限空间。随着文人到诸侯各国谋职，带去了使用贡玉时的审视目光，致使“重玉轻珉”。“盈寸之壁，难得无暇”，群臣为抬高身份，选玉时亦以材质美为主要取舍标准，包括玉的色泽、纹理等外部特征。其时的采矿知识和矿业已十分发达，据《史记·货殖列传》记载：“上有丹砂，下有黄金；上有慈石，下有铜；上有陵石，下有铅锡赤铜；上有赭石，下

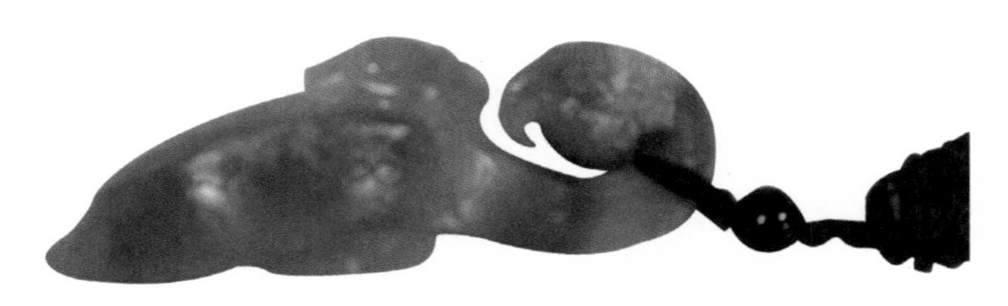

鹰（河磨玉）

有铁。”此时的玉石与铜器的镶嵌工艺技术已达到了很高的水平，产生了新一轮代表性的装饰艺术品。用料除了和田玉、岫玉、独山玉等外，还有玛瑙、水晶、绿松石以及各种沉积岩材料。玉器形制出现了玉龙块、珩、瑀、冲牙、玭等杂佩和组玉佩。

此期最有代表性的是墓葬用玉，生死盟约之器，称作“明器”或“盟器”、“冥器”。人们认为玉器可以敛尸，保护死者，于是有了从玉块、玉片、玉贝到统一形制的琀玉、缀玉冥巾、玉衣、玉陪葬俑等。厚葬之风带来的是只要财力所及，便尽其所能用玉，但人们的玉文化修养却淡薄了许多。这时的玉器自由奔放，纹饰变化达到了“无法为法”的境界。玉器的主要刀工表现在纹饰普遍使用斜刀阴刻，线条转折有韵律，整体对称，流畅犀利。传世佳作有青玉勾云灯、青玉人、青玉龙形佩、龙首带勾、玉佩挂饰、金缕玉璜、嵌绿松石错金骨饰等。

出廓璧（现代高仿）

玉羊

造型生动传神，面上土沁斑驳，系出土古玉。很难予以复制到位。(张正建收藏)

圆片状，边缘有饰之异形玉璧。《尚书》云："璇玑玉衡，以齐七政。""以璇为玑，以玉为衡，盖贵天象也。"本意系指古代观察天象的仪器，引申为玉制。也有称其为"牙璧"或"戚璧"。其基本造型为一扁平体，中间有孔，外缘修牙出脊，首尾相衔，倚正相生，犹如机械齿轮。

此类玉物结构严谨，充满律动感及抽象朦胧之美。造型所蕴含的某些哲理，可视为从现实中剥离出来的理性爱好和物态化的产物，或许就是太阳的图腾。

玉璇玑

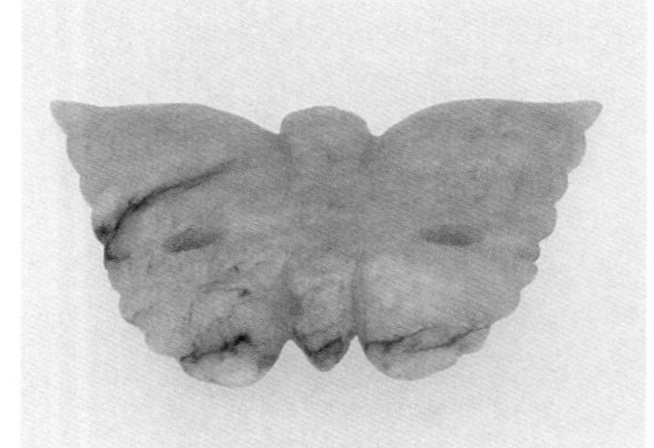

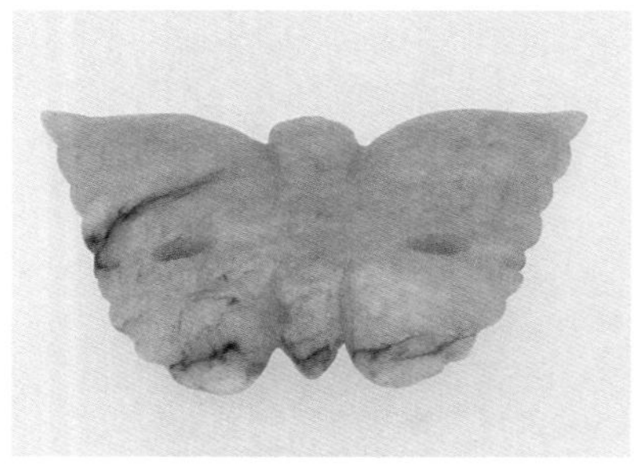

玉蝶背面　酷似"猫脸面具"　　玉蝶正面

蝴蝶也可以这样雕琢！它所包含的一切信息，是否值得你去探索？

5．秦汉六朝

秦自统一六国，在典章制度的建立、思想文化的统一、国家疆土的扩大方面，均有所建树。但在征战、营建、戍守上大量役使民力，不知与民将息，享祚既短，只能是集前朝之大成者，有关玉雕情况鲜有记录。先王三代礼制、玉制及玉物均摈而不用，玉器在秦可谓衰微时期。

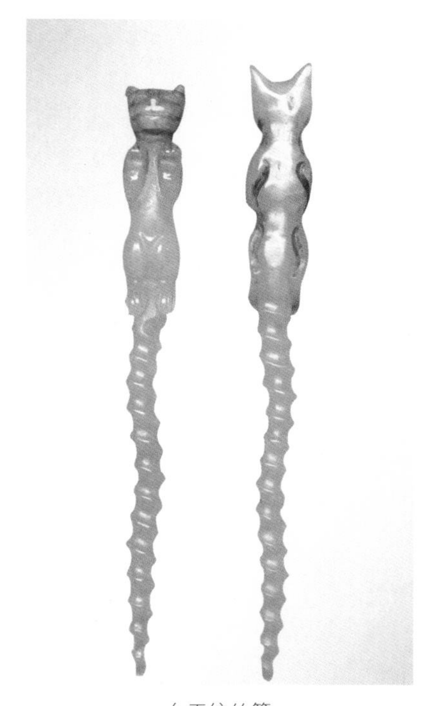

白玉绞丝簪

系用和田白玉仔料制作，尖针的螺旋部分加工时有一定的诀窍和施艺难度。其头部雕琢成怪兽造型，至今尚未能识。笔者早年在连云港城郊觅得。当时七八十岁的老太太只有一支，后经透露她双胞胎妹妹还有一支，拿来正好凑成一对。据老太太讲，是她母亲陪嫁用的旧饰，现在也没有人在用了。笔者收藏的是它的相遇过程和时代变迁的物证。

直到西汉晚期，张骞出使西域，开拓了“丝绸之路”，沟通了东西文化的交流，才极大地影响了东方民族的精神生活。正如鲁迅所说：“汉求明珠，吴征大象。”在楚文化玉器清逸脱俗、自由浪漫的基础上融合成汉代玉器所特有的雄浑豪放、大气磅礴的风格。以一往无前不可阻挡的气势，构成了汉代艺术那种彰显动感和力量的审美情趣与风格。此时玉器中圆雕和高浮雕作品明显增多，镂空器物和大型摆件相继问世。图案装饰可分为两大类：几何纹和动物纹。几何纹以谷纹、蒲纹、涡纹和云纹最为常见；动物纹主要有龙纹、鸟纹、兽面纹、螭虎纹等，并出现了写实性的动物纹饰，对后世玉雕的发展方向有一定影响。

汉代以后用玉制作礼器的现象少了，更偏重装饰和殉葬。“驵圭、璋、璧、琮、琥璜之渠眉，疏璧琮以敛尸。”（《周礼·春官·典瑞》）郑玄注：“驵读为组……以组穿联六玉沟瑑之中以敛尸。”葬玉中大量的琀以蝉为形，以求亡者像蝉蜕变蛰伏，而后再生。作为琀的玉蝉，形态质朴、简练，刀法挺拔，古气盎然。一枚蝉只需八刀便可搞定，被玉器界称为“汉八刀”。另外，也有以玉豚、玉龟、玉猪为琀。

汉代玉雕较为突出的形象是玉翁仲和玉舞人。玉翁仲一般是琢成手指

般大小的圆棍状腰佩，在人物腰际部位穿孔，造型洗炼圆润，脸部五官仅为阴刻短线，衣纹线条流畅、疏简，仅用 8 ~ 12 刀便清晰刻画出轮廓。玉翁仲并非指老翁形象，而是一个年轻潇洒的书生形象。也有史书记载：秦时有位叫阮翁仲的异人，端庄勇武，率兵镇守临洮，声威远震匈奴；阮翁仲死后秦王用铜铸成其形象置于咸阳宫的司马门外，意镇邪魔，后人沿用此俗，将镇邪玉人称为翁仲。但后世的仿制者"顾名思义"，仿成了老翁面相。玉舞人造型为长袖、宽袍、束腰，一袖甩过头部，多为双面白描形式的薄片状，偶有立体状。脸部的刻画凝重不失妩媚，仅用三条短阴线，或六刀阴线刻出眉、眼、鼻、嘴。体现了艺人丰富的想象力和抽象表现手法的博观约取，厚积薄发。汉代还颇为盛行圆雕动物造型，在写实的基础上强调它的威猛与昂首向前的勇势。行业内归结其特征为："回头不到汉，到汉不回头。"对飞禽的雕琢则往往是"小翼带翅，羽化升天"。详人可略，迥异恒流。

汉文化追求写实、厚重、宏伟。后经汉文帝提倡，也接受了佛教思想，原有万巧于拙，寓美于朴的作风开始变为拙朴渐消，巧美徒增。玉雕技艺手法完备，有阴刻亦有阳刻。同步发展的石壁刻画、画像砖、泥塑木雕互为借鉴支撑。

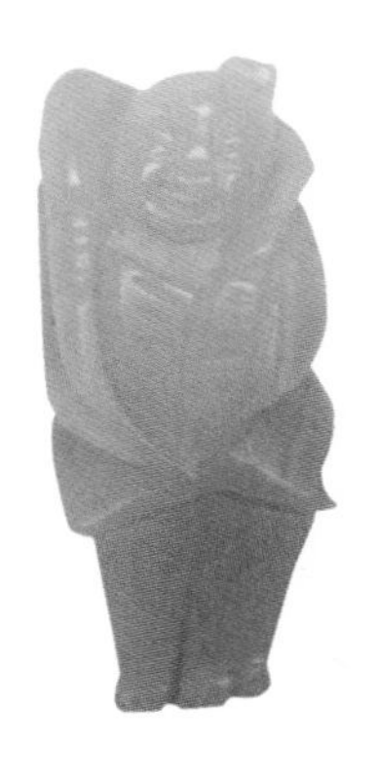

玉舞人

灰白玉材质，石性较重。造型很有特色，尤其是腿脚部分刻成锥形方柱状，却仍能轻松站立，重心的把握很有分寸。但线条的刻画略显粗糙拙劣。

玉翁仲

青白玉琢刻成棍状翁仲形象，腰际喇叭孔对穿，整件作品呈玻璃光泽，已很熟旧。右边老翁形象为后期翁仲的变异品种，也系传世旧玉作品。

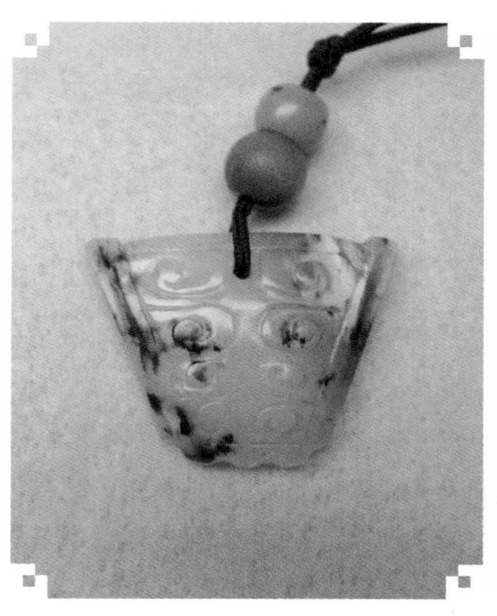
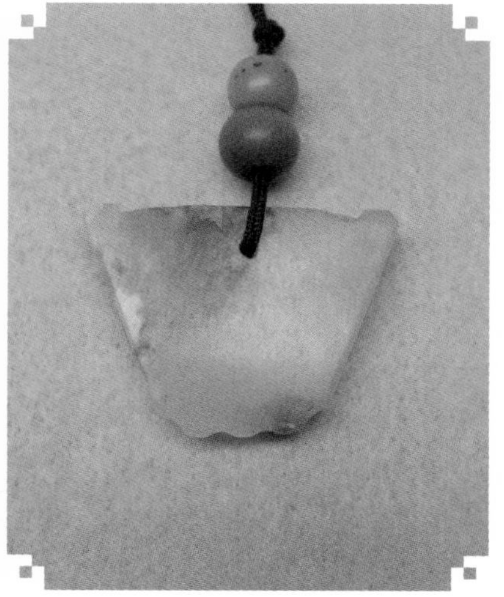

青白玉盾型挂饰

青玉质地，外形优雅细巧，油性十足。鸡骨白和黑漆古的色泽，平添盘玩之乐趣。实用性较强，并不多见，值得回味。

汉代后期，生活的困苦、死生的无常及战乱不断，使求仙拜神的迷信在民间占了主导地位，人们把玉看成是“灵丹妙药”。当时由于印度的佛教沿着第三条丝路，以西域为中继，逐渐进入中原。我国本土的玉雕艺术受外来艺术的影响，玉器的论述著录及代表当时民俗文化的题材在玉雕中已很难见到。

6. 唐、宋

唐代，时局稳定，经济繁荣，文化发达，对外交流频繁，是中国封建社会的第二个鼎盛时期。在这种背景下发展起来的玉器生产，数量不多，但以质量取胜。尤其是唐代金银首饰大量涌现，推动了玉器以精巧见长。这是唐代传世、存世玉作较少的一个客观因素。唐代对工匠的管理是卓有成效的，当时设有少府监（尚方监）管理百工技巧的政务，供天子后妃常规器物、服饰以及祭祀用的玉器、朝会用的仪仗等。工匠从全国各地选拔出来，足以代表当时手工业技巧能达到的最高水平，技艺最高的工匠称为巧手。少府监下面还设有甑官监，掌管石工、陶工，雕刻石人石兽并制造碑、柱、碾、磑、瓶、缶及各种明器。

据《新唐书》记载：“初，德宗即位（公元 780 ~ 805 年）遣内给事朱如玉之安西，求玉於于阗，得圭一，珂珮五，枕一，带胯三百，簪

四十，㚊三十，钏十，杵三，瑟瑟百斤，并它宝等。”唐代在同各国的往来中，吸收了中西亚文化艺术。传统玉器融入了西域风采后，艺术倾向更趋写实，并吸收金银制品图案化的处理，以圆雕、浮雕表现作品的外形轮廓，通过入刀较宽的斜阴线如凹实凸的手法加以琢刻。此种浮雕效果与汉代玉雕细若游丝的阴线刻画截然不同。其纹饰以花鸟为基础，充满了浓郁的生活气息。玉带、玉步摇、玉簪、玉导、玉胜等头饰风靡一时。器皿上的纹饰更为广泛，有卷草纹、香草纹、花瓣纹、葵花纹、花鸟纹、变形云纹等。所有玉料除了常见的岫玉蛇纹石以外，绿松石、孔雀石、玛瑙、白玉制品明显增多。老三代之器，不管物件大小，均不带玉皮，秦汉六朝亦不多见，唐朝以来似有留皮制做情况。典型的传世杰作有玉佛莲花杯等。

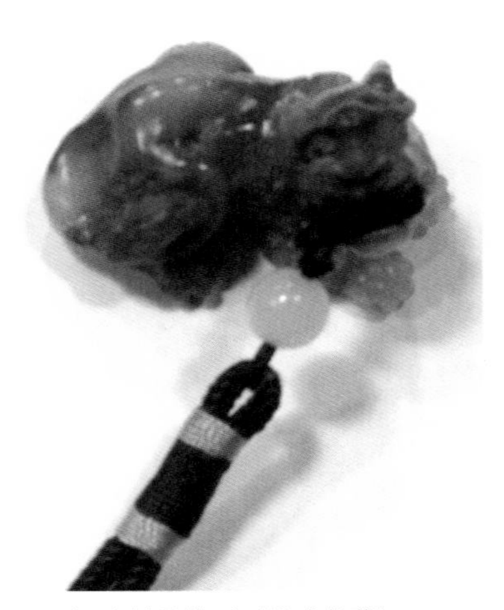

河磨料吊坠（时培成收藏）

唐代佛教盛行，玉器中出现了飞天、卧佛等形象。在实用器皿和女性首饰领域，玉和金银进行了完美的结合。在玉器上点缀宝石是当时玉文化最优秀的成就，此法一直延续到现代。唐代的玉器应视为中国玉器史上一个新的里程碑。成绩辉煌，远迈前古。

宋代民间制作和经营玉器的规模已相当可观。随着城市经济的兴旺，市民阶层的扩大，宋代玉器逐步剔除了部分外来文化入侵的浮光掠影，又恢复了古玉的传统内涵。除了保留部分典章礼仪及生活起居用玉之外，还出现了仿古陈设用玉，玉成了文玩。技术上，在前期成熟的浅刻浮雕、圆雕基础上开创了镂雕手法，并结合管钻技术，使作品变得透空轻盈。在题材的表现力方面融入了当时山水画意及浓厚的生活情趣，达到了生活和艺术的高度统一。值得一提的是，北宋吕大临所著《考古图》，是我国最早的一部玉器考证力作，对传世、出土玉器实物进行逐一研究取录，功不可没。

宋代玉器的巧工巧作，俏色运用，达到了一丝不苟的地步。尤其是缠枝纹的出现强调一种动态和走势，也即其中的灵活性和方向性。其花纹繁缛，工整对称，向造型艺术化迈出了一大步，这和当时的文化现象步调是一致的。当时还出现一种镂空雕层层压花新工艺，以“春水玉”，“秋山玉”

为代表的玉件脱颖而出，俗称“宋作工”。其阴线纹粗宽，花草纹以剔地阳纹见长。阴线叶脉纹、竹节螺旋纹、水涡纹、单线旋卷纹、灵芝纹、火云纹、穿花、四出荷叶造型也系典型刀工。宋代玉器中生活气息最为浓厚，世俗化倾向最为明显的应属玉雕童子。其时解玉用砂已普及，红砂（石榴石细砂）、紫砂（刚玉砂）的应用使玉件的制作允许被做得更为精致细腻，了无施艺痕迹。唐宋玉器的篆刻多以小篆阳文为主，字形方正，今之刻印称“唐八卦”。（汉代时玉器篆刻突出内敛外圆的一面，谓“汉蜘蛛”。）古

镂雕连珠荷塘景致玉佩

宋代镂雕盛行“春水玉”、“秋山玉”。春水玉是以海冬青捕雁为题，秋山玉是指以“呼鹿”、“射鹿”为题材的“花下压花”镂雕形式，俗称“宋作工”。

《金史》中将有鹘攫天鹅图案的服饰称为“春水饰”，将有虎鹿山林图案的服饰称为“秋山之饰”，故现在一般将具有这两种图案的玉器称为“春水玉”和“秋山玉”，形式千变万化。但后期仿品中那种古道幽径的山林野趣已逐渐失却。

白玉握件：兽（李智提供照片）

玉辨别真伪，其中主要的一环，就是看走刀，也就是吃刀情况。唐代方形器比较多，且方形规矩中庸，有美密之精神，而无浑圆柔媚之气韵。宋代之器市侩性较强，崇尚吉祥辟邪及宗教色彩，流行世俗化装饰，复古仿古。宋代玉器的代表作中文房用品颇多，成绩卓著，如白玉龙把碗、玛瑙葵花托盘、玉樽、青玉笔架、玉镇纸、白玉红沁莲花笔洗、玉炉、玉瓶、玉熏等。发古之巧，形后之拙。

7．元、明、清

元、明、清玉雕是我国玉器史上宫廷玉器最高水平的集大成者，也称为"新三代"玉器。元代是由蒙古贵族统治的王朝，地域辽阔，文化成分复杂。统治者的不同信仰给文化带来了异族色彩，玉文化有了相应变化。忽必烈除了喜欢玉，对玛瑙也十分偏爱，他派人去和田玉矿进行开采，设驿站送料进京，在大都、杭州分设官办玉器作坊和"玛瑙玉局"，专向皇室提供宫廷用玉。民营的玉器作坊也应运而生，蓬勃发展起来。该时期玉器以器皿类为主。镂雕、浮雕技法与先进的绘画、雕塑等工艺互为借鉴。仿古玉在该时期进一步发展，其形制多模仿商周青铜器，但在设计、选料及工艺造型上都有别于古玉，多了份实用与写实的气息。几何纹、锦纹、联珠纹、回字纹、博古纹、方胜纹、万字纹、山字纹、折枝花卉……连绵地应用在渲染主题上，使玉作情趣盎然。朝廷用玉与宋时相近，文人用玉依旧以文玩为主。古玉的采集、保存、鉴定在文人中竞相效仿。玉的专著《古玉图》即由元人画家朱德润根据燕京诸家王公及内府所见的古玉加以编撰，收录玉器40件，注明大小、形状、玉色等，分上下两卷，内容虽稍显简略，但历史价值极高。

和田白玉仔料：花片

玉质滋润，光泽柔和。花瓣有序排列，清纯一致，对称度超群。流畅的凹槽、棱线、外缘、打孔、块面……不着一丝琢刻、打磨痕迹。在纯手工磨制的时期应该是件上品的精美白玉佳作了。

明代出现了北京、苏州等宝玉石制作和贸易中心。由于朝廷放宽了对工匠的政策、玉雕工具的改进、民间赏玉之风的盛行，促使玉器生产有了飞跃发展。《天工开物》中对玉雕工艺的描述，代表了当时那种接纳并鼓励利用先进技术的思潮。此期玉雕风格较前更显典雅纤细，纹饰讲究“减笔”功力。对玉器的表面处理颇为精细，但对侧面、内壁或底部则不求甚精，民间戏称为“粗大明”。玉器摆设整体厚重敦实，镂雕技艺比宋时更为成熟稳健。作品内容包括仿生、装饰、摆设、实用四类。玉饰已极普通，从坠饰、串饰、佩饰，发展到组合体。金玉的互相配制形成了首饰发展的高峰期。郑和七下西洋与许多盛产宝石的国家进行了大规模的经贸活动、文化交流，宝玉石材料又有了新的来源，这也是促使镶嵌首饰异军突起的条件之一。

明代玉器专著除了宋应星的《天工开物》，还有谷应泰的《博物要览》、陈继儒的《泥古录》、谢堃的《金玉琐碎》等著录，对研究玉器都很有价值。

玉狗

翡翠带勾

白玉蝶形锁片

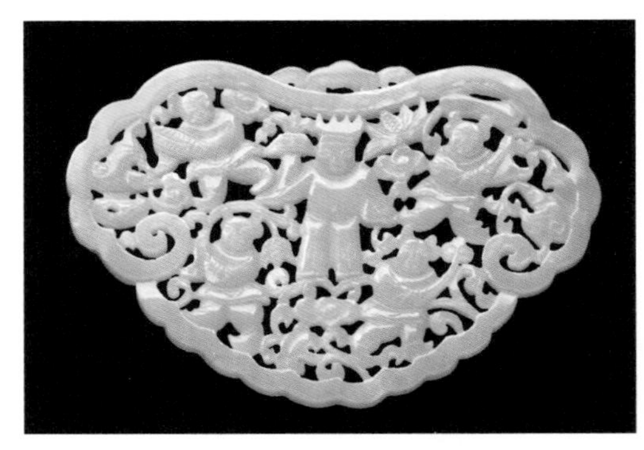

和田白玉锁片：五子登科

民俗文化的传统题材，选用锁片造型和镂雕手法双面雕，系民间玉雕匠作之代表品种之一。和田白玉山料特征明显。

明代最负盛名的琢玉高手陆子冈，是嘉靖万历年间的苏州名匠。当时名闻朝野，可与士大夫匹敌。他的作品每一件都有自己留下的名字。北京故宫博物院珍藏有他的《青玉合卺杯》、《青玉婴戏洗》、《青玉山水人物纹方盒》等作品。

清代的玉器雕刻是有史以来的鼎盛时期。玉器作坊如雨后春笋般在南京、扬州、天津等地出现，这时玉料充足，工艺先进，皇室重视，民间响应，造就了中国历代玉器数量最为壮观的一幕。宫廷玉器制作有着一套完整的工艺流程和管理制度。清初期玉雕仍保留有明晚期的遗风，但花纹的棱角更为方正，选料更为考究。中期历经康熙、雍正、乾隆、嘉庆等几朝，品种丰富了许多，包括陈设器、生活用品、文房用品、吉祥玉器、礼器及宗教用品等。晚期商品化程度加剧，伪器多了起来。清代玉雕作品从整体到局

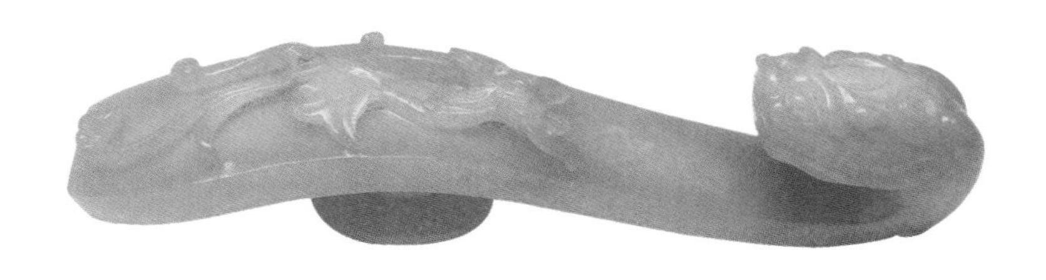

白玉龙勾

白玉带板：鸳鸯戏水

青玉挂件：溢福

双面雕工由沟纹剔地阳刻叶面和阴线浅刻叶背脉纹组成，玉面工整流畅，一丝不苟。振翅之“蝠”与静态之叶亲密接触的瞬间，笔者杜撰“溢福”口彩，纯属一己之见。但整件作品清纯中所抒发的是雕琢者良好的敬业精神和两面轴对称的巧妙构图。

部都给人一种和谐美的享受。仿古题材、仿建筑题材、仿青铜器题材、表现人物场景题材以及俏色题材，得到了充分的施展，并借鉴竹雕、漆器、瓷器等造型，格调庄重，雄伟壮观。仿古题材仿古而不复古，仿中有变，仿中有甄，仿已不再是转移模写，而是在旧作中寻求其形制规律运用在创新中，并把其中精粹部分抽离出来加以拓展。清代玉器专著甚丰：吴大澂的《古玉图考》、陈性的《玉纪》、李凤廷的《玉纪正误》、胡肇椿译的《古玉概说》都是研究古代玉器的重要著作。

该时期的划时代作品有山子雕《大禹治水图》、玉屏《桐荫仕女图》、山子雕《会昌九老图》、青玉仿古《召夫鼎》、青玉《牡丹花熏》、青玉《桥形笔架》、玛瑙《凤首觥》、翠玉《兽面纹双耳炉》、碧玉《菊瓣花耳盘》等，不胜枚举。

翡翠扳指（张正建收藏）

翡翠鼻烟壶

结　语

历代玉器设计方向不外乎浑厚、质朴、典雅、大方、明快而富有浓郁的装饰美。商代饕餮纹表现威严庄重，战国蟠螭纹清新溢美，汉代之云气纹凝重工整，六朝莲花清瘦飘逸，唐代牡丹丰满华贵，这些都是历史的积淀。中华民族的玉文化从史前的古朴稚拙到秦汉的雄浑豪放；由唐宋的中西融汇精工细琢；再发展至明清的玲珑剔透，博大精深，汇聚成中华民族灿烂夺目的玉苑长卷。我国的玉文化和大量无与伦比的玉器珍宝，经历了数千年的风雨历程，始终没有中断，也未曾湮没。玉器的早期，虽然在巫术的、宗教的、社会的、政治的多重含义涵盖下，并赋予儒家“君子比德于玉”的伦理诠释，显得有些沉重，有着夸张。但在新的历史条件下，被一再发扬光大，非独玉格之高，亦见性情之厚。禀承中华玉缘，彰显文明风采，佩玉呈祥，炳蔚责华，夫岂外饰？盖自然耳。

三、玉石之路

在东西方经济文化交流上有一条举世闻名的“丝绸之路”，它的前身便是“玉石之路”。丝绸之路的形成和发展还不到2 000年，而玉石之路的历史却有了3 600多年。“羌笛何须怨杨柳，春风不度玉门关”，在敦煌西面的玉门关是个能讲出许多有关玉的故事的地方。玉门关地处河西走廊西端，北依天山余脉，南邻阿尔泰山。玉门关和阳关一起由汉武帝开辟河西后置关，公元前108年自酒泉筑屏障至玉门，遂为长城关隘。宋以后关渐废，沿河两岸水草充足，为天然通道。西汉李广二度伐大宛、东汉窦固攻北匈奴、班超出使西域，俱出玉门关。我国在石器、青铜器、铁器时代同时并存着一个“玉器时代”，参与了民族文化的创造。

我国古代对不同品质的玉均有特定相对应的文字来表述，将玉和似玉的美石分成：宝玉、美玉、玉、玉属、石之次玉、石之似玉、石之美、石之美好等八个大类。每一类分别又有一系列的称呼包含在玉的广义之中。如：璇玉（石次玉者也）、藻玉（石有浮彩者）、碔砆（石之似玉者）、璞玉（未琢之玉）。

除了玉的“性”之外。古人也曾试图从玉石的光泽、硬度、密度等方面加以分析阐述。宋张邦基著《墨庄漫录》云：“其色温润，常如肥物所染，敲之其声清引，若金磬之余响，绝而复起残声远沉，徐徐方尽，此真玉也。”按现在的鉴定标准，玉质滋润，敲击后声音清越悠远，理应是块好玉。《淮南子·淑真训》：“钟山之玉，炊以炉炭，三日三夜，而色泽

不变。”王逸《玉部论》：“赤如鸡冠，黄如蒸栗，白如脂肪，黑如纯漆，为玉之符是也。”化学和物理性能稳定，密度大，色泽纯正，这些玉的特性，在其中已一一勾勒。

中国的玉料在世界上具有举足轻重的地位，除了翡翠制品占有绝对工艺优势之外，和田白玉也是世界上罕见的优质玉料。其次像辽宁岫岩县的岫玉（被国外誉为“中国玉”），河南的密玉、独山玉，湖北的绿松石，东北的玛瑙，新疆的玛纳斯碧玉，青海祁连玉等都是著名的玉石。“玉石”一词，最早见于我国上古时期的《尚书·胤征》：“火炎昆冈，玉石俱焚。”翡翠两字最早源于宋代，指我国所产的一种碧绿色软玉，而非缅甸所产硬玉。明代所指的翡翠，也仍是碧玉、绿玉髓、绿玛瑙而已。笔者曾向珠宝界老法师讨教过，都说翡翠最早出现在明末清初。也有讲青海过去也发现过翡翠，但提供的旧物测得的比重仅为 2.7 ~ 2.9，其硬度也只有 6.5 ~ 6.8，应是绿色玉髓无疑，这是一种认知局限。

故宫博物院珍藏的玉石制品所显示的玉石原料，约有 30 种。明清之前的大量玉器几乎全都是软玉类的阳起石、透闪石、蛇纹石等材质，颜色以白、青、碧、黄、绿、墨为主。但出土旧玉由于长期受到地下化学元素和有机物的侵蚀，形成了斑驳的沁色和细碎纹理。“玉得五色沁，胜过十万金。”这是古玉的迷人之处。

四、玉雕行业的发展与思考

玉雕行业的成长、发展离不开国家在初始阶段时对特种行业的政策和集中管理模式的有效实施。国营玉雕企业在计划经济的大背景下，极大地提升了行业的知名度和从业人员的政治、业务和技能素质，为传承玉文化奠定了扎实的基础。而玉雕行业的百花齐放、百舸争流的局面和玉雕市场的兴旺发达，则成熟于改革开放后的今天。

传统的手工技艺体现着源文化特有的东方哲学思维方式和子承父业独立的家族作坊业态。而集群式重复批量生产则有可能切断这种秘诀技艺和其“品牌”根源之间的纽带，导致手工技艺由于流水操作所带来的局限性和独创意识。尤其是随着社会稳定、经济繁荣、购买增强、收藏热的兴起，产品的升值肯定会有突破性的巨大空间。而玉雕行业协会卓有成效地组织“天工奖”、“神工奖”、“百花奖”等全国性的评选活动，使玉雕作品更具收藏价值、文化价值。个性化玉雕作品具有不可复制性、原创性、时代感，它所衍生出来的文化内涵必将追随时代得以同步发展。

艺术，是一门有序与无序伴生的和谐追逐，因人而异、应运而生。玉雕作品的特殊工艺所营造的魅力、时尚文化和个性创意元素，具有很强的随意性、随机性。我们要维持文化变迁的能力，玉雕工艺不只是需要保护的无形资产，更是一种亟待开发的文化资源。与其说是过去的遗产，不如说是一项未来的工程。

参与和发扬传统工艺，包括两个层面：一是自我表述，二是自我超越。

艺术的高下，并不是以琢玉技巧是否娴熟为唯一标准。琢玉过程的叠山理水，仿生塑神，在于开发人格化、多样化的积极因素。作为玉文化的传承与缔造者，在塑造自我的内心信仰以及对历代玉雕作品心存敬畏之心的同时，理应契入“玉”这一特殊的物质，作为强音符号来实现行业特征、自身价值。个人的天赋与悟性、智慧和情感、生活方式、价值观等，在不同的文化背景下，所形成的各种规则与观念，均在于发挥勇于追求的能力，催生和拓宽自己的艺术见解和艺术表现手段。心愿总是在感动中成长起来的。“此情可待成追忆，只是当时已惘然。”

我们对于玉雕发展的关注与创新，是在一种社会变化之中发生的，在一种往来涌动，更迭起伏中代理与共同开拓。创作中所反映的种种借用或嫁接、跨文化的新概念都是在促成鼓励我们向玉雕文化的广度和深度挑战。这种可塑性正是丰富我们的艺术形式、保护文化多样性的直观表达方式。伴随着科学技术、知识结构、对新鲜事物的渴望、反思人与自然的关系的产生，是令我们自由选择进入艺术殿堂，分享“玉”这一无声世界所传递的信息及情感回归自然的洞察和响应，亦是改变生活方式的有效途径之一。

市场经济的发展会有一个周期性，甚至逆周期的波动，与人们的生活质量、消费倾向休戚相关。鉴于玉料的不可再生性和物以稀为贵的主客观因素制约，我们要抓住这一社会转型期的有利时机，来提高玉雕产业的品位和档次。放慢“数钱”的节奏，创作出一批类似“神工奖”、“天工奖”之类的精品、绝品。要创立一批“名人玉雕工作室”和以个人名义命名的高档“品牌”玉器作品。要有经得起历史考验，美轮美奂、无以伦比的大批佳作传世，这才无愧于先民和后辈，无愧于作为对自然资源被利用过后的感恩与回报。玉料的飞涨和名人佳作的爆炒，引来众多非议，这也从另一个侧面反映了玉雕行业地位的提升。玉雕不是工艺品，它是高档艺术品。玉雕艺人不是普通工匠，是艺术工作者，是玉石雕刻大家。孟子说得好：“夫物之不齐，物之情也；或相倍蓰，或相什百，或相千万。比而同之，是乱天下也。巨履小履同贾，人岂为之哉？相率而为伪者也。”大而粗糙的鞋和精致细巧的鞋子一样价格，谁还肯做精致的鞋呢？大家一个个都跟着去作伪造假了。

当今我们也不可否认，随着经济利益的扩大化，假冒伪劣、以假乱真、坑蒙拐骗的不和谐经商陋习和道德准则的失忆、沦丧，使行业的诚信度受到了一定的干扰和失察。对于行业的自律和可持续发展，笔者在此只想提几点建议：一是优化处理和“做旧”仿古。这是纵向的历史沿袭，我们也不必一概排斥。优而不输真，假冒不伪劣，况且声明系仿作，同样也是种艺术的再现，作为真品的补充、替代、拷贝，也无可厚非。但一味以假充真，这就有可能导致几代人之后便无可适从，届时“假作真时真亦假”，其带来的后果将不堪设想。正如某位学者所言：“也许有一天，我们会带着子孙上博物馆膜拜河南老乡假造的青铜鼎；也许有一天，考古学重点研究怎样盗墓，商学院教授学生如何卖假；也许有一天我们的文化部长只能捧出一只用红糖水煮出伪装色的仿古玉，让外国友人品尝咱们五千余年传统文化的‘醇香’！”二是横向的文野之分。任何物质与精神商品的发轫与发展，都有一个普及和提高的问题。细化消费层次，满足群体需求，就会有市场，而且对玉雕作品的艺术审视目光将会变得越来越苛求，甚至共同参与量身定制。这是在新的形势下，追求高品位生活质量的诉求和必然趋势。我们应当提倡从草根走向科班，从文盲玉雕走向文人玉雕。我们要珍惜有限的自然资源及不可再生的地球物质，粗制滥造，一味追求降低机会成本，可能适得其反，不珍惜资源带来的后果将是行业的无米之炊。三是个人玉雕风格、流派的崛起。喧嚣一时的背后必然是“豪华落尽见真淳”。只有出于对艺术的追求，基于对价值的坚守，“百花深处松千尺，群鸟喧时鹤一声”，这才是通向经典的不朽之路。

但愿有一批出类拔萃的玉雕大师级领军人物和大量有关玉雕著述来彰显行业不同凡响的风采。让我们站在特定的社会环境和当代技术发展的前沿，共同分享东方文明的精彩和玉雕领域所能抵达的锦绣前程。尤其不能忽视它可能带来的社会效应，以及对中华文明所需要的多样化和创造力所起到的助推和催化作用。期待玉雕工作者更多的给力吧。

第二章

主要的玉石

一、翡翠

1．翡翠名称的出典

纵观我国文字中有关玉的词汇，均为从玉旁或斜王旁，唯独翡翠二字从“羽”。故对它的名称起源以及传入时间众说纷纷。比较统一的看法，认为翡翠最初是指一种鸟类。汉朝许慎的《说文解字》关于翡翠二字的解释：“翡，赤羽雀也。翠，青羽雀也。”《异物志》说：“翠雀形如燕。赤而雄曰翡。青而雌曰翠，其羽可以饰帷帐。”

“江上小堂巢翡翠，苑边高冢卧麒麟。”（《杜甫·曲江二首》）“鸳鸯瓦冷霜华重，翡翠衾寒谁与共。”（《白居易·长恨歌》）此时明显指示翡翠为鸟类无异。

据史料记载：七百多年前，元朝旅行家周达观曾随朝廷昭谕使出访柬埔寨，回国后把在吴哥窟的种种见闻记录在了《真腊风土记》一文中。抄本中说道：“禽有孔雀、翡翠、鹦哥，乃中国所无。”（《飞鸟》）“……翡翠，其得也颇难。盖丛林中有池，池中有鱼，翡翠自林中飞出求鱼。番人以树叶蔽身而坐水滨，笼一雌以诱之。手持小网，伺其来则罩之。有一日获三、五只，有终日全不得者。”（《出产》）

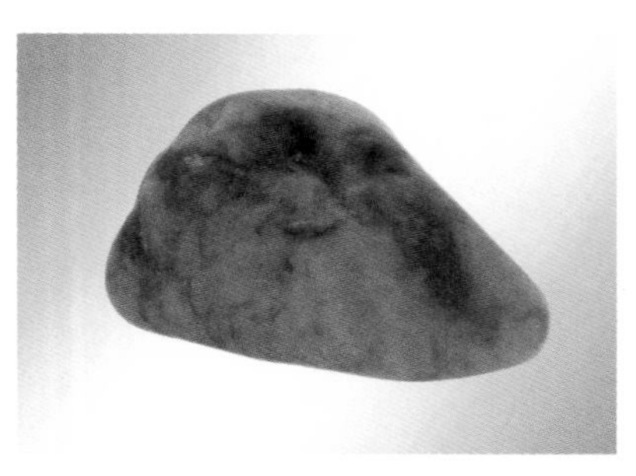

缅甸翡翠原石（辉石类变质岩矿物）

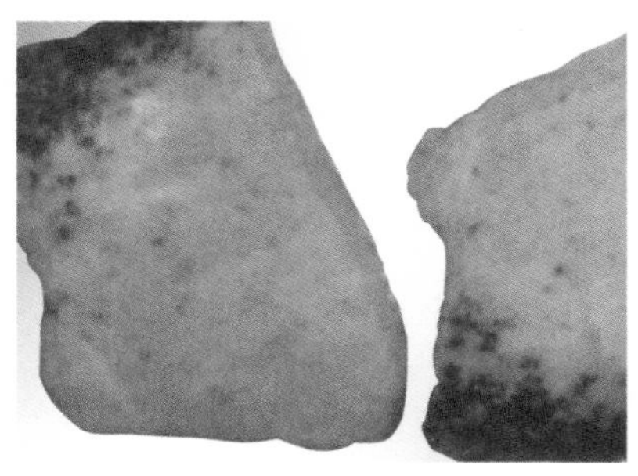

缅甸翡翠原石剖面

缅甸翡翠原石（钠铝硅酸盐矿物）

新疆玛纳斯碧玉原石剖面(阳起石成分为主)

新疆青玉（含微量铁的透闪石）

元末曾有位高僧，在明初时被朱元璋召到南京，要他出山，走马上任。为此，他也特意写了首题咏翡翠的诗篇："见说炎川进翠衣，网罗一日遍东西。羽毛亦是为身累，那得秋林静此栖。"他深感树欲静而风不止，官场是非多，高处不胜寒。

但从古时一直到唐宋时期的记载来看，对于翡翠到底是玉还是鸟羽尚不十分清楚。《明一统志》谈到哈烈土产有翡翠，但是否指玉质翡翠，目前还无法证实这一点。清朝的檀萃《滇海虞衡志》记载稍微详细了一点："玉出南金沙江，江昔为腾越所属，距州两千余里，中多玉，夷人采之，撇出江岸各成堆，粗矿外护，大小如鹅卵石状，不知其中有玉，并玉之美恶与否，估客随意买之。运至大理及滇省，皆有作玉坊，解之见翡翠，平地暴富矣。"檀萃所指的金沙江，不是云南省长江上游的金沙江，而是缅甸境内的伊洛瓦底江。清初顾祖禹的《谈史方与纪要》说："流经宣抚司东境，谓之金沙江。江合众流，势益甚，浩瀚汹涌，南入缅甸界。盖西南境内之巨津又与东北之金沙江异流同名也。"

欧阳秋眉女士对翡翠的出典还有另一个解释，她认为："中国是不产硬玉翡翠的，从清朝初期才从缅甸通过第二条丝绸之路运入中国。而当时中国出产的和阗玉被称为翠玉。当缅甸硬玉流入云南一带时，为分辨它和和田翠玉不是同一种玉石，即将其称之为‘非翠’。随着时光的流逝，非翠就成了翡翠。”翡翠最初偶尔在江中拾得，又发展为沿江挖掘。后经多年开采实践得知，从伊洛瓦底江和亲敦江分水岭一带，沿雾露河两岸纵横百余里，地下都藏有翡翠。

2. 翡翠形成的要素

（1）翡翠的成矿条件

翡翠诞生于和低温、高压相关的原岩中。在喜马拉雅地质构成中期，产生了强裂的构造带，缅甸正处于印度洋板块与欧亚板块的撞击处，六千万年前在此生成了翡翠。它的原生矿是硬玉的岩墙，含有长石和角闪石，当它侵入蛇纹化橄榄岩后即变成了超高压变质岩。钠长石在变质过程中，把硅的成分逐步排挤出去。这一矿脉，是由彼此相距很远的脉状、渗透状和岩株状矿体组成的矿带。矿体具有环状构造，即矿体中部为硬玉单矿物组成翡翠带（好的种质则出自此核心部分），向矿体边缘渐变为纳长石岩，再向外变为碱性角闪石岩带。后者与蛇纹石化橄榄岩之间有一层厚度不大的绿泥石壳。矿体的分布走向有其特定规律，属阿尔卑斯褶皱的变质岩外带，地球上很难再找到第二处类似的地质条件，所以说缅甸是唯一产地。翡翠的组成成分主要是钠铝硅，它的晶体内部由无数个长短柱状晶斑插嵌其间，并且有两组柱面解理。切开原石后，我们可明显地看到表面呈现一簇簇光亮的小块面，这是它显著的翠性特征，俗称“苍蝇翅”。

缅甸翡翠原石（重 18.9 千克）

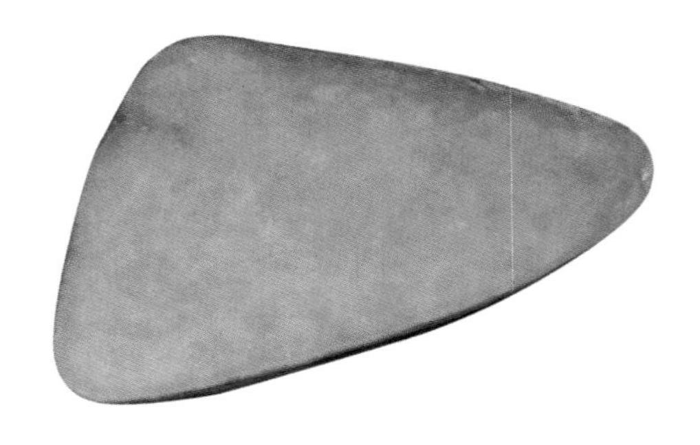

翡翠结构特征之一：“苍蝇翅”（长短柱状晶斑）

（2）翡翠的结构和生成环境的关系

翡翠结晶有的粗，有的细，与结晶过程关系密切。岩浆冷却温度下降缓慢，结晶时间长，晶体发育完善，形成的结晶相对较粗，块体大。反之，结晶中心多，形成细小颗粒，这是初始阶段，在比较稳定的情况下，它的结晶是短柱状的。一旦换成了动态条件，受到定向压力和剪切应力的作用，又有热液和挥发性水分的参与，新的热流体再次充填迫使结晶拉长变细，形成定向排列的纤维组织，所以颗粒变得均匀起来，透明度就高了。再加上热液中的铬离子在裂缝中形成许多鲜艳的绿颜色，所以高品质的翡翠大部分形成于这一时期。在变晶、交代结构的基础上，刚性的岩石在压力超过极限时，就发生了破碎或裂缝，这种后期的改造形成了纹路，产生了隔，当再次受到热胀冷缩和各种压力的影响，在断裂面上进行移动，断层就出现。由此也就发生了在采矿时，有时挖下去几米就有翡翠，有时要几十米、一百多米才挖得到。这是翡翠在结构变化过程中的三个阶段。

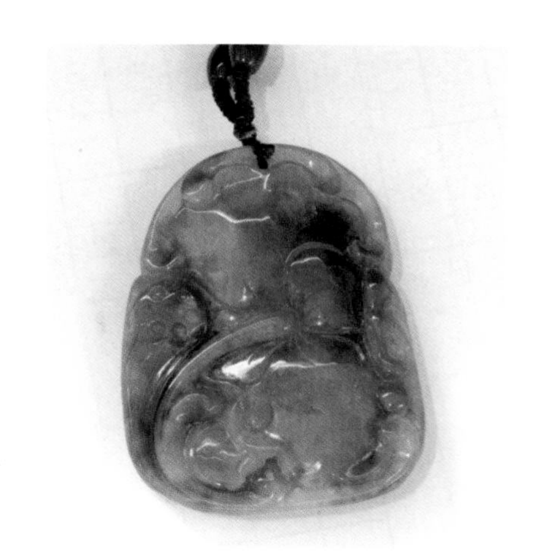

翡翠挂件

在外来热液作用下各种成分被溶出或新的成分被吸收、替代，形成各种次生色：绿色（铬、铁），紫色（锰），黄色（褐铁矿氧化物），红色（钴、高价铁）。

成矿时接触交代形成的原生色

翡翠摆件

在变晶、交代结构的基础上，刚性的岩石在压力超过极限时，就产生了破碎和开裂，甚至断层错位。

（3）翡翠的致色原因和颜色形成的顺序

形成翡翠颜色有三个途径：一是先有原生矿，然后被另一种矿物插嵌，也就是先有原岩地张，再有颜色进来。二是原岩形成后，另一种矿物又将它包裹起来，便有了几层不同的物质。三是已经形成的翡翠，在外来热液作用下，使某种成分被溶出，新的成分被吸收、替代。

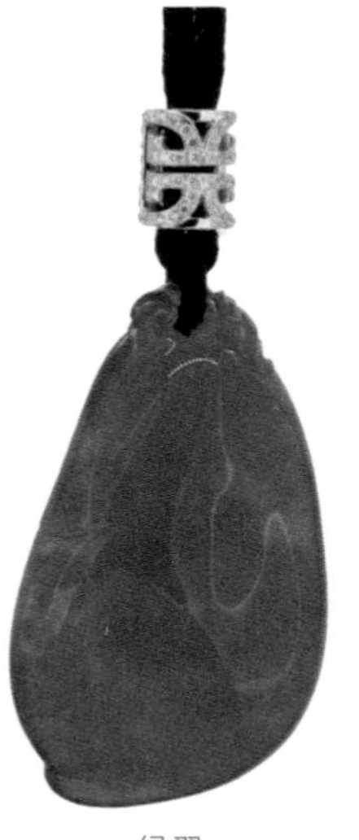

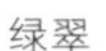

绿翠

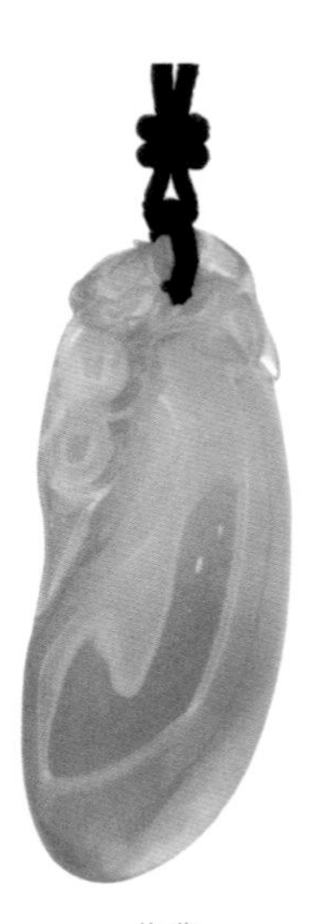

紫翡

翡翠的绿颜色主要是氧化铬离子和铁质引起的。紫翠颜色是交代形成的原生色，因含少量铁及微量锰，在白色的原岩基础上逐渐过度，看上去就比较纯，结构有粗细之分，呈微透，半透明，因先于绿色形成之前，故极少纤维状。

红翡（双龙首璜，任时鸣提供）

黄翡，也有写作黄妃，是次生形成的颜色。分布在风化的表层或内皮，在红翡的上面，是褐铁矿氧化浸润渍染形成的黄褐色，有深有浅，有浓有淡，好的黄翡纯净得像牛黄，也很珍贵罕见。

红翡，分布于风化表层下的次生颜色，是赤铁矿沿颗粒间的孔隙充填进去或是钴元素和低价铁向高价铁转变生成的颜色。一般长在原石的明显裂隙处和皮壳较薄的地方，红翡的颜色变化很大，有纯与不纯，颗粒有细有粗。

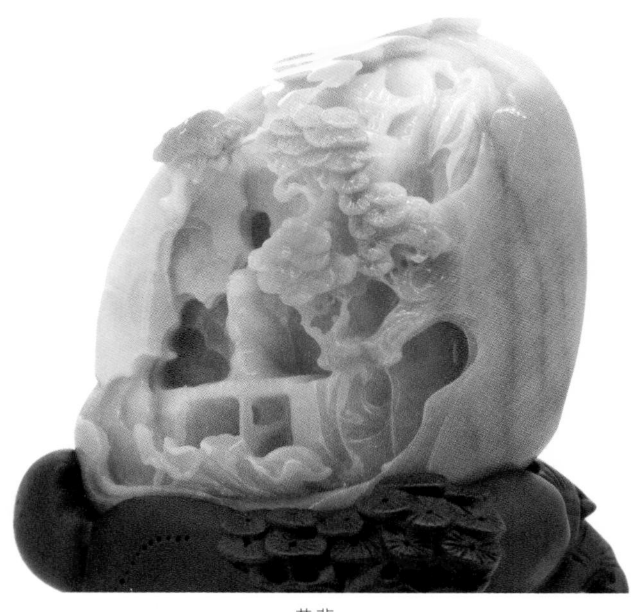
黄翡

3. 翡翠的开采

砂矿是翡翠的重要来源，砾岩由片岩、蛇纹岩、辉长岩等砾石和钙质胶结构组成，翡翠漂砾和卵石在雾露河河谷帕敢、会卡等地结集，成为重要开采对象。另一类堆积翡翠砂矿，是原生矿风化、崩裂瓦解所形成的，残积于缅甸北部，它位于度冒原生矿床以南10千米处，其中以麻蒙矿规模最大，比较容易开采。

明末清初，在缅甸翡翠开采已作为一种专门的职业。当地人称翡翠矿为玉石厂。当时的开采方法是，出资商先向地主租地，开采时每个矿井约雇佣三四个工人，垂直下挖。当挖到之后由出资商请人估价，卖掉之后和劳工均分利润。矿藏情况由表及里，先是泥土，次为碎石，再次为大石。大石下或石内就是翡翠的埋藏地带。挖山挖水同样是找这一石层。将大石取出看看有无翡翠，叫“翻石脚”，遇有较大石块时就用火烧它，然后泼上水，利用

缅甸帕敢采石厂（典型的翡翠母体砾岩层）

缅甸帕敢采石厂（典型的翡翠母体砾岩层）

热胀冷缩至璞玉有裂痕时将石敲开，看石内有无翡翠。缅甸人将采到的翡翠用船只沿伊洛瓦底江送到八莫。广东和云南商人成群结队，驮带银两到八莫去购买。后来又逐步转到孟拱，现在则以瑞丽、盈江、腾冲等地为交易中心。

缅甸翡翠开采的场面

壮观的采石场

翡翠交易盛况

4．评定翡翠质量的术语

（1）外皮

也叫外壳、皮质、皮张。由于翡翠分山石与水石两种，翡翠原料“璞”，我们叫原石。原料一般有三层结构，最外层是分化层，有山皮、水皮、半山半水、沙皮、泥皮、泥沙皮、水沙皮、乌沙皮、铁沙皮之分。颜色有老黄、黄白、绿、青、褐、黑、棕等区别。内皮一层也有称“雾”或“湖”的，有厚有薄，有时薄得像层纸，是红翡的主要生长层。赌原料开门子，一般来讲就露出这层雾。有经验的人认为，如果有黑色存在，一般而言会出现高绿，所谓“绿随黑走”。如果绿色有绿筋时，代表绿有渗透的余地。如果在两相交面上均有绿色连在一起，绿色有可能向内部发展。如果门子开在角上，边上，薄薄的一层，不能太乐观。如果在凹陷处有深绿色出现，可能有团绿或片绿出现。内皮里面才是肉，外壳的颜色与内里的长不长绿，绿的多与少无规则可循，只是凭个人的经验积累来判断，所以原料的交易有很大的赌性。

（2）地张

也叫底张、底障、地障。是指一块翡翠料上除去以绿为主的颜色部分，剩余的就是地张。地张既是绿色依托的平台，也是绿色得以施展的场所。一般情况下绿色所处的质地，与周围地张质地相似，而地张质地好，绿色

四季豆挂件（喻意出人头地、四季发财）

也就艳丽水头足，看起来协调养眼。透明度越高，说明密度高，硬度亦好。如果质地不好，地张不通透，颜色干涸，就是长绿也显得呆滞。绿与地张有一个相依相托，相附相存的关系，在加工过程中，要突出具张力的绿，不要因地张“吃绿”去伤害真绿的源头，绿的主角地位。

翡翠薄片挂件：七彩石

(3) 种

也叫种气、种坑、种头、种水、坑口。有老种、新种、老坑、新坑之分。系指翡翠生长的矿区产地山坑。代表着玉石结晶时的物化状态，它所处的生长发育阶段以及受到外来干扰因素影响的大小等地质条件。而并非指以前发现的、很早挖出来的就是老翡翠，而现在新挖出来的就是新种翡翠。种好的翡翠，有脆性，透明度纯净，敲击时声音清越洪亮，硬度高，细洁，充满由内而外的玉感。种头嫩的，结晶稍显粗糙，硬度底一点，半透明或微透明。过分老的翠根，玉性不够，僵化干瘪，缺少精神，呈蜡状感觉，有时玉夹石，石夹玉，不够通透，完全不透明。所以好的种气水头长足，质地细腻，绿色阳俏，充满灵性有张力。种也可以说是对翡翠材料质地、颜色深浅、透明程度、色彩分布的综合评估，是宝气重、玉质诱人的一种表现。最好的坑种称为“玻璃种”或“冰种”。但翡翠有个奇特的现象，行内归纳为“有种无色，有色无种”，种色俱佳那是凤毛麟角，罕而见珍。

(4) 水头

指翡翠的透明程度，是光线在玉料中能穿透的深度与广度。水头好坏业内称“几分”水。一般评判标准时，用直尺搁在原石平面上，从背后打灯光看能透过多深。差的称为水头短，水头不够，太干。

(5) 绺

也有称棉绺或“柳”，是指玉质当中似是而非的细碎裂纹或絮状物。在粗粒翡翠中比较常见，呈粒状、块状、石花状、水泡状、带状等形态。

(6) 隔

也有写作“割”或“翮”的。这是翡翠在形成时，两个方向的解理面

融合在一起时，产生的一个贯通面正好连成一线产生的一种纹理，不是裂缝，有点像电焊的焊缝。有的是晶体颗粒在热液流的作用下，形成粗细长短柱状体不匀造成向同一方向延伸时产生的“三夹水”情况。

（7）俏色

又称巧色，是指翡翠色彩鲜艳或具有特殊视觉效果的部分，使其恰到好处地保留在作品中。但俏色也不是不分青红皂白，照单全收所有的杂色，那是“留色”而不是“巧”色。不该留的大块面死皮，影响整体审美情趣杂乱无章的自然态的颜色，应当大胆地去除，破形。有些瑕色则要想尽一切办法在设计中变瑕为巧，掩暇扬瑜。有些自然石上的天然色斑、色纹、氧化层，有着无法模拟的岁月沧桑或形势，这样的皮色则尽可能予以保留，天然胜似雕琢，重工不如神工，此时无声胜有声，石不能言最是诗。

（8）B 货、C 货翡翠

这是通过人为将结构疏松、质地较差、颜色肮脏的翡翠原料放入酸性溶液中，漂去灰、黑或黄色的污底，改善其种质，增加透明度的做法。后期在真空状态下用环氧树脂胶结，除去多余的树脂，再用蜡充填表面不平整处抛光后的成品。在红外光谱下有树脂的有机物吸收峰出现，有的局部受损，有的酸洗过头整个结构遭到了破坏，影响使用寿命。在此基础上如果再加色浸染，我们称为 B + C 货。如单纯的染色处理翡翠我们就叫做 C 货。

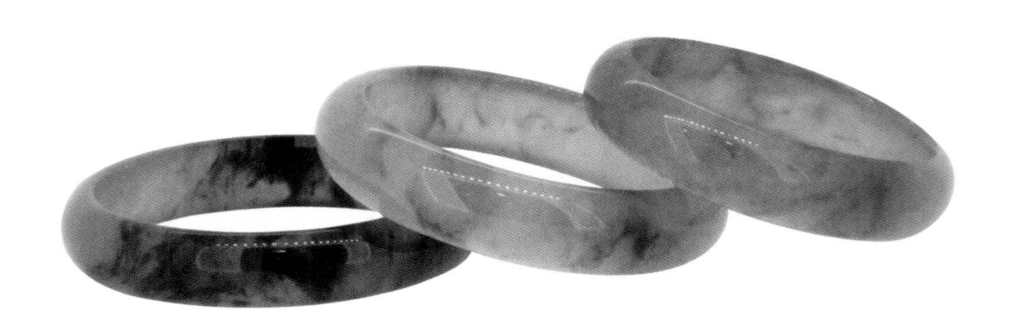

三只手镯（同种不同色）

翡翠的种质、透度比颜色要紧：“内行看种，外行看色”。上图三只手镯颜色各异，但透明度均很高，水头长足，敲击时玉声清越，俗称“老坑种”。对翡翠的总体要求为：阳、和、正、浓。玉色与地张要融为一体，相辅相成，相依相托。和为贵，种坑衬托色泽，色泽为种添彩。正为气，颜色纯正浓郁，玉质一气呵成。精气神透彻贯通，充满灵性。

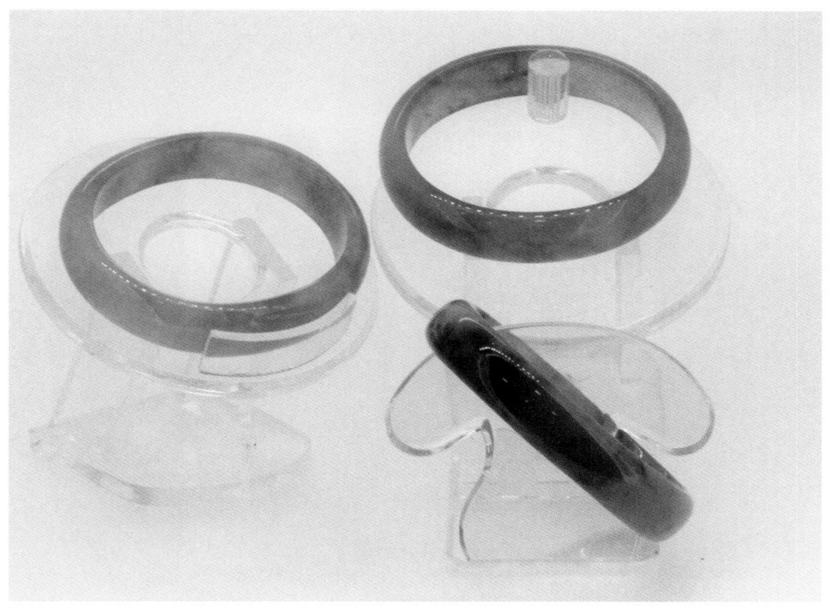

三只手镯（种不同色也不同）

上图三只手镯色泽都比较诱人，要选择肯定各有所好。但真正的价值，首先看种，其次看色，再考虑它的性价比和个人经济承受能力。种色俱佳，那么价格肯定就不低了。

（9）人造翡翠

把翡翠组成的主要成分——钠、铝、氧化硅材料混合后在 1 480℃高温和 1 250 吨的压力下先产生白色的结晶，添加致色剂，形成人造翡翠。20 世纪 80 年代，美国已开始合成翡翠的研究，90 年代我国也先后进行了合成翡翠的实验。2002 年 GIA（美国珠宝学院）首次对外披露了宝石级合成翡翠的最新成果。

5．翡翠色级、色形的俗称

（1）全绿

也叫满绿，是指整体透明的绿色，不含任何杂质、杂色的高翠。

（2）祖母绿

有时也写成“子母绿”，一种庄重高雅的正绿，绿得纯净，水头长。

全绿（节节高）

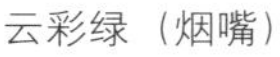

云彩绿（烟嘴）

墨绿（勒子）

（3）阳俏绿

或称秧苗绿、黄杨绿，以绿为主，绿中隐显微黄，肉眼能见的由黄返绿的嫩绿，十分活泼，欣欣向荣，犹如雨后黄杨，雪中冬青。

（4）苹果绿

肉眼体味不到黄色，像青蕉苹果的皮色，是种充满活力的绿。

（5）翠绿

不带任何黄色调，中度深浅的正绿，纯正亮丽高贵大方，不偏不倚。

（6）油绿

也称老油青、油青。绿中透蓝，闪灰，颜色端庄纯净，色泽均匀，透明度很好，滋润起油，但色不讨人喜欢。

（7）墨绿

又称黑翡翠，黑中透绿，黑得饱满，有时近乎全黑，做成薄片又呈碧绿。

（8）带绿

条带状绿色，绿得有根有茎，有种绵延的趋势，有聚绿的强劲力度。

（9）点绿

地张干净，绿色鲜艳，点状分布，与地张相辉相映；好的称梅花绿、蛤蟆绿。

（10）片绿

绿色呈片状分布，地张与绿有明显界限，但分而不散，绿得干脆。

（11）团绿

绿成一团，与周围地张无纠缠，在挂件、摆件制作上用在画龙点睛处非常讨巧。

（12）丝绿

绿顺着晶体方向渗透，丝柳集中，绿得出挑，比较别致耐人寻味。

俗话说："神仙难断寸玉"、"黄金有价玉无价"。对翡翠的总体认识还是要以赏心悦目，适合自己为好。但至少要从绿的浓、阳、正、和，以及工艺价值和稀有独特等视觉角度去选购，量力而行。

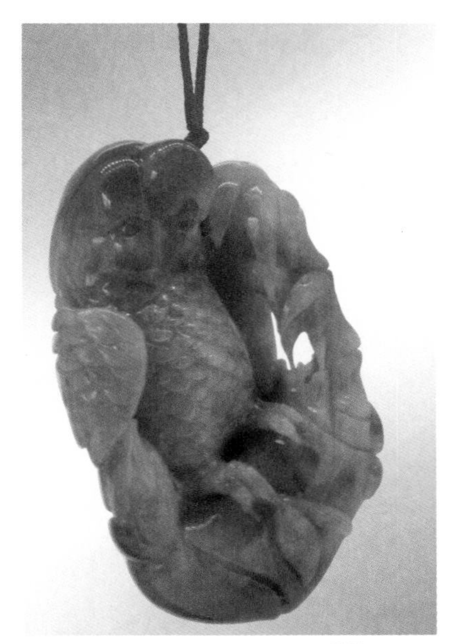

阳俏绿（鹦鹉，任时鸣提供拍摄）

油绿（蚌蟹）

干青（雕花手镯）

点绿（蛤蟆绿）

翡翠、白玉近年来由于收藏热的兴起，受到越来越多有识之士的追捧，价格在成倍、成几十倍的“疯涨”。但真正理解它的机会成本对一般消费者来说仍是“可遇不可求，可望不可及”的，也难免会存在一些认识上的误区。例如，翡翠往往是“有种无色，有色无种”。种好，结构紧密，透明度高的翡翠，由于在变化过程中渗入的杂质较少，显得纯净而有精神；反之，地张疏松，石性重，隔铬多的翡翠，在应力变化过程中，微量金属元素容易浸润，形成丰富的色彩。所以，行家认为“内行看种，外行看色”，“宁要一线绿，不买一片绿”。没有明显色源的一片绿，还不如水头好的地张上存在的一段绿或点状绿、飘绿、丝绿来得价值高。但一说到透明度，有些消费者又疑惑了：“巴山玉”透明度不是很好吗，为什么价格开不高？巴山玉只是一种钠长石类的玉石，钠的成分一多，硬度就不够，内部的结构、密度和翡翠完全不一样。

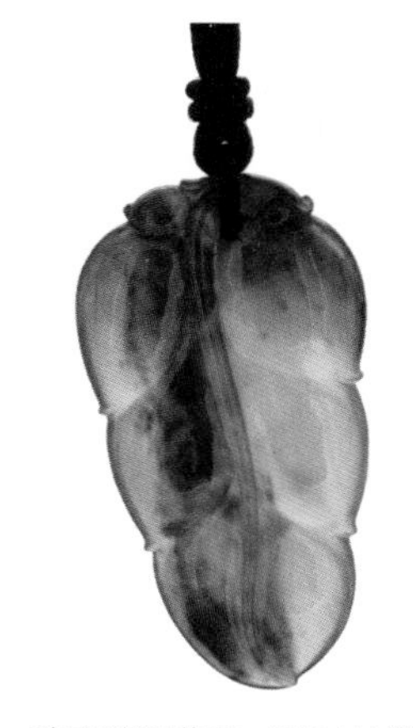

玻璃种飘蓝花（秋叶挂坠）

金丝绿（手镯）

6．翡翠的种类和价值评估

翡翠一词给人的第一感觉是翠绿色的优质高档宝石。但翡翠的种质、颜色千变万化，因此对颜色地张的准确把握，具有特别重要的商业价值。民间有“三十六水，七十二地，一百零八蓝”之说。据经营几十年缅甸翡翠原石的朋友介绍，翡翠的各种颜色（包括地张、坑口、种）可以整理出 1 400 多种，他自己就收集了 900 多种，还不包括常见的，随手可得的标样。

（1）颜色的区别

翡翠为玉中之王，同锂辉石、透辉石、顽火辉石等一些单晶宝石矿有关。纯翡翠为白色的微透明硬玉，因含各种氧化物，特别是氧化铁和氧化亚铁的介入，除了绿翠、红翡之外，尚有黄翡、紫翠、藤色、黑色、白色等七种主要颜色，俗称“七彩石”。在国际市场拥有“东方宝石”的美称，是理想的宝玉石原料。

翡翠的颜色有色级、色调、色形的变化。色级是指浓淡深浅；色调是指绿、黄、蓝的偏色，如是绿中透蓝，还是绿中泛黄；色形是指颜色的表

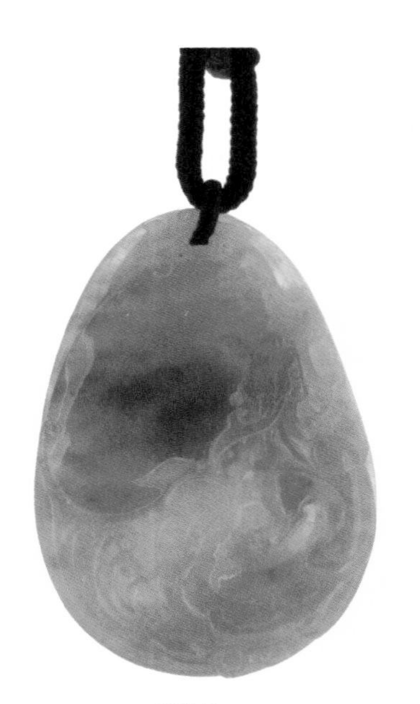

糯化地

中间的绿色部分相当浓烈、阳俏。有激情、有张力、有很强的视觉冲击力。

玻璃种（地）

清纯透彻、玉质坚韧。一般的翡翠“有种无色，有色无种”。此挂件种色相得益彰，实属优质翡翠，做工也很精致。

紫花地（山子）

通体紫花地张，绿色部分予以巧雕。属大型山子雕，材料来之不易，有收藏价值。

现形态，是条形、片形、圆形还是点状、网状、丝状、云雾状、花絮状。“千金易得，好玉难求。”翡翠的评估，对绿色的准确识别具有重要的商业价值。翡翠绿得好的标准是：“阳、浓、正、和”。阳，就是绿得明亮大方，并能充分表现它的“珠光宝气”，翠绿中透点黄味，像雨后的黄杨，雪中的冬青，俗称“阳俏绿”。浓，就是要绿得有张力、饱满、庄重浑厚。要“拎得起，放得下”，放在手上是什么颜色，拿起来迎着阳光看还是同一种颜色。正，就是要绿得纯真、无邪，绿中不含任何闪蓝、发灰的感觉。和，就是要绿得柔和、均匀，要与翡翠的质地、透明度浑然一体。但也要注意不能让地张，也就是绿色赖以生存的载体，把绿“吃掉”。好的绿应该是一种鲜艳、旺盛、充满灵气的绿。颜色的偏离、干枯、暗淡都是质量不高的表现。

（2）翡翠地张的种类列举

① 玻璃地。也叫玻璃种、玻璃体、玻璃坑。它全透明、坚硬、细腻、无杂质或明显包裹体，充满玻璃质感和油脂光泽。好的玻璃种如带有点绿、丝绿或飘花，将其浸入清水中，只见绿色，不见地张。在阳光下尽管只

豆青地（手镯）

有一点绿色，但整件翡翠会映得绿茵茵的，越看越有张力，青春洋溢充满生机。种色俱佳的翡翠，少则几十万，上百万，甚至可拍买到几千万。

② 紫花地。也叫紫翠、紫翡、春色。带有玻璃质感和油脂光泽，好的紫花地张，接近冰种（比玻璃种稍显浑浊）。上品的紫花地称为紫罗兰。紫颜色主要是铬元素含量达到 1% ~ 3%，并有微量的铁质引起的。如果在紫花地上同时并存绿色和黄翡，便称为“福禄寿”，是指翡翠成品中佼佼者。纯紫色做成戒面、手镯、挂件、吊坠，充满了神秘感，但其色调很难把握，价格波动很大。

③ 藕粉地。半透明，带有一种银灰色调，接近冰种质地，属高档次的品位。

④ 蛋青地。质地如鸡蛋蛋清，有玻璃光泽，系冰种质地，上品的好种坑翡翠，典雅华贵，比较罕见。

⑤ 虾仁地。质地近似虾仁肉色，微粉红透明玻璃种，是充满幻想色彩的高档翡翠。也有称其为藕粉地、芙蓉种的。

⑥ 豆青地。这是种犹如蚕豆壳颜色的质地，绿中透白，白中带绿的绿白体。这种地张一般透明度较差，也缺乏明显的色源，但绿得均匀、干净、色泽正，做成的戒面、挂件、手镯、摆件属中等档次。

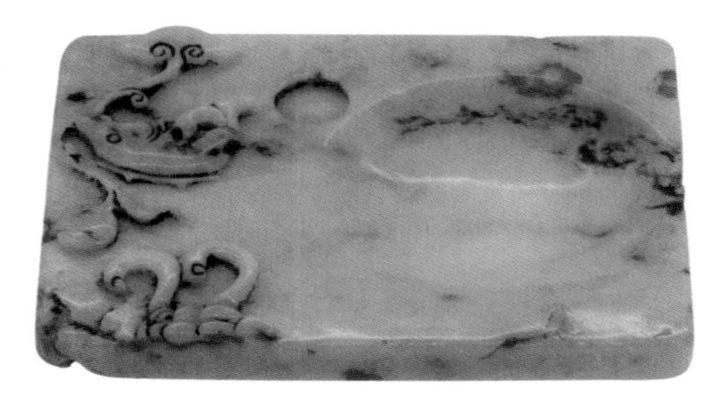

绿白地（砚台，赵定荣收藏）

玉质细腻，色泽艳丽，不含混。是件旧器。

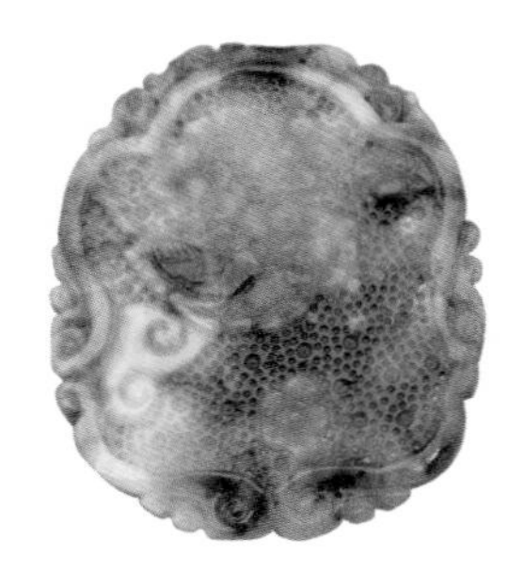

狗屎地（挂件）

冰种（地）

温和，坦然，纯净，有质感。

石灰地（翡翠原石）

⑦ 花青地。绿得干黑，涩滞，分布呈不规则的脉状，晶粒结构粗糙，颜色深深浅浅反差很强烈，有时像乌云密布，有时像冰糖屑。

⑧ 狗尿地。也叫尿坑地，多为褐色、黑褐色，有时呈苔藓状，质地疏松，石性太重，裂隙较多，原料块体极不规则，总体感觉脏兮兮的，混浊不堪，这种石料一般弃用或做成低档的山子雕，不成气候。

⑨ 石灰地。质地微透，不透明，泛青灰色、灰色、褐灰色，带有沙性，断口处呈粗性粒状，质量较差，只能做些小挂件，动物生肖件或低档挂件，石多玉少，缺乏玉感。

⑩ 瓷地。色如瓷白，过于光亮，呆滞无玉感，不透明，有绿也是浮在表层，和地张融合不到一起去，绿犹如抹上去的油彩，但绿得很实在，与地张对比强烈。

瓷地（摆件）

材料与题材紧紧相扣，做工也不错，值得收藏。

对地张的理解，只是

一种凭直觉主观上的拟物如物、借色指色的民间俗称，采用相对比较叫得响，听得懂，能引起某种联想的名称而已。

（3）对翡翠的总体评估

① 色泽美。色泽是指光线照射到翡翠表面后，通过反射、折射、全反射形成了一种交织状态所表现的“珠光宝气”，是翡翠美感的首要因素。好的翡翠绿得冰莹含蓄，清澄有生气，不轻狂，浮华，不偏执显露，刚柔相济，阴阳调和。

② 材质美。材质的稀少和独特，“水头长”、“种坑老”、“色形美”是翡翠价值最关键的因素。对材质美的了解是认识翡翠的点睛之处，所以有了“内行看种，外行看色”的说法，“材质美”比颜色要紧。

③ 造型美。造型是翡翠物件艺术风格的集中表现，特别是摆件，从题材的设计到雕琢技艺的运作都是制作者审美情趣，艺术修养，技能特长，整体素质才能发挥的综合反映。在选购时要注意“宁买绝，不买缺”。

7．翡翠的近似石

有许多用地名、国名称呼的“翡翠”，其实与翡翠硬玉无关，只是一种商业名称，也有些是近似翡翠的玉石，容易混淆。

（1）澳大利亚翡翠

别名英卡石、澳玉，系深绿色玛瑙，主要成分为二氧化硅，由于含钠产生绿色，折射率 1.54，比重 2.65。

雀（鹊）石挂件

俄罗斯碧玉原石

河磨玉手镯（老坑种岫玉）

黄龙玉手镯

（2）非洲翡翠

也称德兰士瓦翡翠，系南非产的一种绿色钙铝榴石，硬度为6.5，比重3.4。内部结构呈不规则的颗粒状集合体，它具有均质性，而不是翡翠的交织纤维非均质性和带有翠性特征。

（3）印度翡翠

绿颜色的水晶，玻璃光泽，比重在2.65～2.66，硬度达7级。

（4）朝鲜翡翠

绿色的蛇纹石，硬度在5～6，比重为2.54～2.84，微透明，半透明。

（5）台湾翡翠

绿色霞石。

青海翠方牌（昆仑玉）

（6）贵翠

贵州产的一种绿色玉髓，属绿泥石质石英岩，硬度在6～7，近似于密玉。

（7）翠玉

产自天山西段新疆特克斯，由透闪石、阳起石、斜长石组成，硬度在5.0～5.5。

（8）巴山玉

也称爬山石、八三玉，产于翡翠矿体边缘，富含二氧化硅的钠长石玉。原石透明度较差，制成的玉件基本上都进行了酸洗和充填处理。

（9）铁龙山

也叫天龙生，旧时称鹊石、雀石，通体点块状墨绿色，没有底与色的区别，透度差，是含铬的绿廉石。

（10）马来西亚翡翠

也叫马玉、马翠，一种是染色石英岩，还有一种是加铬离子的微晶化玻璃。

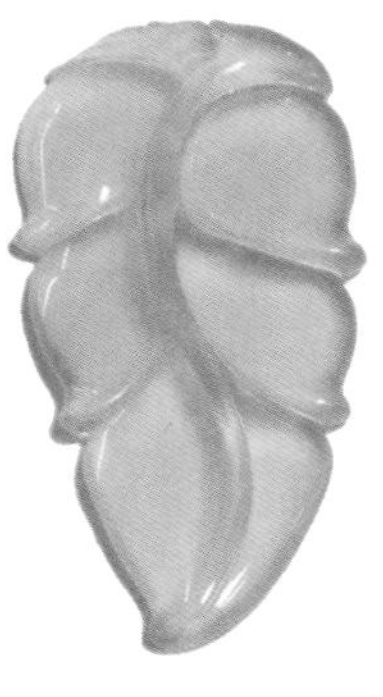

钠长石挂件

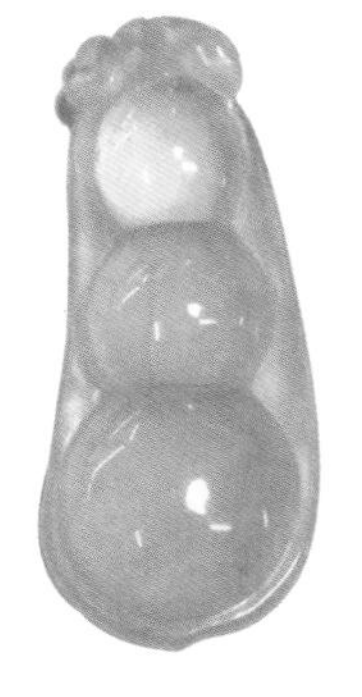

水沫子石挂件

(11) 不倒翁

也叫不卵石、芦比石产自缅甸芦比村，灰绿色硅质石英岩，呈层状产出。

(12) 青海翠

产自祁连山，也有称祁连玉，为蛇纹石化透辉钙铝榴石，硬度6.4，有软硬性。

(13) 独山玉

也有称南阳玉，好的绿白体像翡翠，但没有翠性，属黝帘石化斜长石，过去误认为是硬玉。

(14) “水沫子”石

系翡翠矿体外围一种具有很高透明度的钠长石岩。含有少量绿色的钠铝辉石或绿色的阳起石等矿物。由于在通透的地张上隐现蓝绿色调，俗称“水沫子”。看上去貌似冰种、玻璃种翡翠，里面可能也会有丝状、青苔状、草丛状的隐隐约约结构。在20世纪90年代推向市场后很有欺骗性，一件饰品要卖到几万元人民币。目前价值只在几百元至上千元人民币。水沫子石总体上给人的感觉是颜色稀薄，缺乏底气，没有翡翠的那种稳重厚实，甚至边沿会有圈乳白的晕色光泽，很难同真正冰种、玻璃种翡翠内部的絮状结构和翠性媲美。质地脆，易断裂，分量轻，表面有蜡状至玻璃光泽，但又过于强烈，显得失真。

(15) 天河石

又称亚马逊石，是种亮绿或亮蓝绿的玉石，颜色与翡翠相似。其主要成分为含钾的铝硅酸盐，是钾长石的同质多相变体，其结构所造成的颜色特征是绿色与白色呈现格子状分布，属于微斜长石。含少量铋、铯，解理面有片状闪光，属酸性花岗伟晶岩。密度仅为2.65，折射率低于1.55，看不到粒状结构，透明度低。

(16) 镁矽卡岩化大理石

它的颜色以白色为主，局部呈淡灰色，含大小不等的近长方形艳绿色块（偶有晶面反光），绿与地张界限截然清晰，白色碳酸岩部分滴上稀盐酸，可见起泡，硬度不高，它的比重只有2.5～2.7；叩击时声音沉闷。

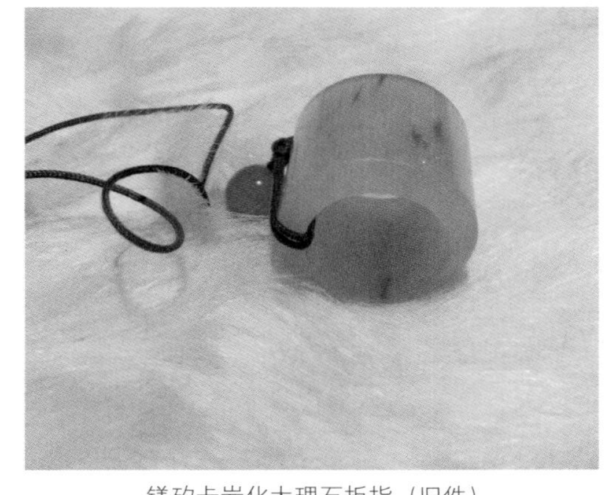

镁矽卡岩化大理石扳指（旧件）

(17) 脱玻化玻璃

使非晶质的玻璃部分“重结晶”，内部有类似棉絮状结构，呈放射镶嵌状。

(18) 符山石

又称加州玉，产于国内青海地区称其为“乌兰翠”，是由细粒的透辉石、符山石、铬尖晶石等矿物组成的绿色集合体，色泽由黄绿到绿，常含石花状包裹体，折射率在 1.72 左右，密度在 3.25 ~ 3.32，放大镜下看不到粒状结构，抛光面呈玻璃至油脂光泽。

8. 翡翠的仿制品

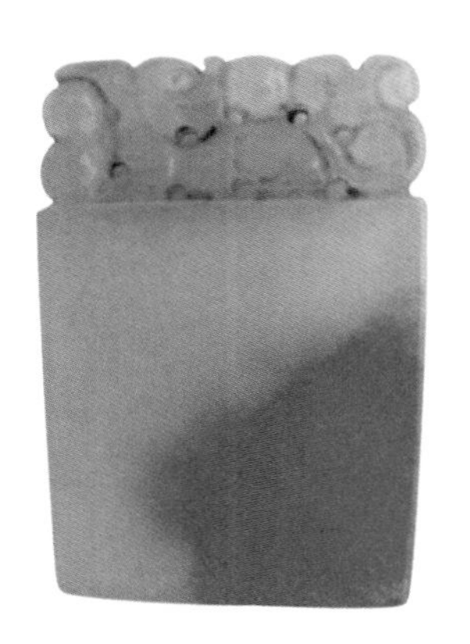

染色玻璃方牌

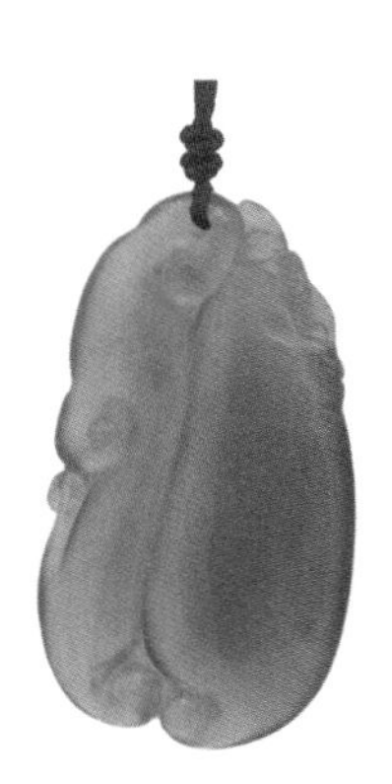

琉璃制品挂件

B 货翡翠手镯

染色玻璃手镯

二、白玉

1. 和田白玉的采出历史

白玉，这是广义上白颜色玉石的统称，而和田白玉、羊脂白玉，则是一个带有特定地域概念和特殊品质的最高级白色软玉的代名词。和田自古以来就是新疆白玉的著名产地。4 000 多年前，和田玉已进入中原和东南沿海地区，到春秋战国时已被大量开发利用。玉石之路的开通，远在“丝绸之路”以前。南路由和田经且末、若羌、楼兰至玉门关；北路则由和田经莎车、喀什、吐鲁番、哈密到玉门，至清代还异常繁荣。

和田位于昆仑山北麓，古称“于阗”，历史上曾与疏勒、安西、龟兹并称为安西四郡，是新疆最南端城市，也是丝绸之路上的重镇。唐代诗人杜甫有诗曰：“归隋汉使千堆宝，少答朝王万匹罗。”元代维吾尔族诗人马祖常《河湟书事》：“波斯老贾渡流沙，夜听驼铃识路赊。采玉河边青石子，收来东国易麻桑。”据明史记载：当时的商人多携马驼玉石，伪称贡使，进入关内。及西归时沿途迟留，且利市易，促进了交流，东西数千里间一片繁荣景像。《明清史讲义》载：“回疆既平，以采玉为一大役。和阗产玉闻天下，叶

和田碧玉山料原石

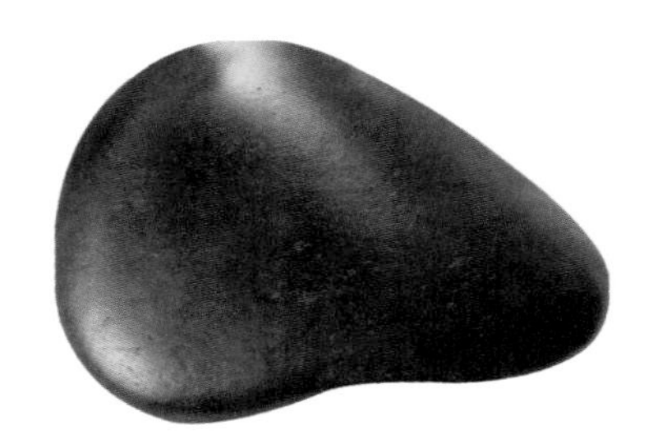

和田碧玉仔料原石

和田白玉仔料（角闪石类变质岩矿物）

吐鲁番红碧玉原料（最近采出，暂用名。物理性能硬、脆、缺少油脂光泽，类似锦州玛瑙。）

新疆戈壁滩风陵石（木化石）

尔羌次之，定制春秋采玉两次。叶尔羌玉山曰密尔岱山，距城四百余里，崇削万仞山三成，上下皆石，唯中成玉，极望莹然，人迹所不至。采者乘牦牛乃其山巇，凿而陨之，重或千万斤。白微黄者供宗庙，白微红者备庆典。”当时于阗向朝廷贡玉进程颇为艰辛：“于阗飞檄至京都，大车小车大小图。轴长三丈五尺咫，堑山导水湮泥途。小乃百马力，次乃百十逾。就中甕玉大第一，千蹄万引行踌躇。日行五里七八里，四轮生角千人扶。”在和田的东西两面各有一条河流，分别是玉龙喀什河和喀拉喀什河。从昆仑山蜿蜒而下，在北面汇合成和田河，注入塔克拉玛干大沙漠。玉龙喀什河又称“白玉河”，多产白玉，特别是羊脂白玉；而喀拉喀什河多出墨玉，称“墨玉河”。五代平居诲的《于阗行程记》记有：“于阗玉河，其源出昆仑，每岁五六月大水暴涨，则玉随流而至，八月水退，乃可取，彼人谓之捞玉。”《天工开物》描述采玉：“凡玉映月精光而生，故国人沿河取玉者多于秋间，明月夜望河而视，玉璞堆聚处，其月倍明亮，凡璞随水流，仍错杂乱石浅流之中，提出辨认而后知也。白玉河流向东南，绿玉河流向西北。其俗以女人赤身没水而取者，为之阴气相召则玉留不逝，易于捞取。”

新疆和田玉龙喀什河的前天

新疆和田玉龙喀什河的昨天

新疆和田玉龙喀什河的今天

新疆和田玉龙喀什河的明天

和田戈壁料原石（重 181 千克，上海天益拍卖有限公司提供照片）

白玉有山料和仔料之分，也就是山石与水石之分。《玉纪》云：“玉，产水底者名子儿玉，为上。产山上者名宝盖玉，次之。”仔料其实也是山料，只是由于山体运动等种种因素，移至河道，被水长期冲刷及河中砾石相互磨擦、撞击遂形成卵形，俗称仔玉。山料又称矿料，指直接采自原生矿的劈片玉，呈不规则砖块状，表面粗糙，石性较重，色白质干，肉多绺裂、横向有明显色带（俗称水线）。介于两者之间的原石，我们又称其为山水料，或半山半水、山流水料。它的表现形态则在仔料和山料之间。较大块度的山石在丰水期，被冰水浸润、冲刷、滚动撞击；在枯水期又露出地表风吹日晒。长期连续次生地质作用的结果，玉质表层发生了化学成分的迁移交待和结构重组，玉石体表颜色与内部肉色均起了相应的变化。山流水料一般皮壳薄，体块大，表面呈较光滑的次棱角状，堆积在残坡或冰川地带，距原生矿不远。常因泥石流夹带自然风化，密度虽高，但带有刚性。如果山石经风化后直接被滚动搬运至戈壁滩上，我们又称之为“戈壁料”。它的特征是表面有风蚀痕迹，类似沙丘被冷冻凝固的感觉，带有层层波纹，有的还呈油光乌黑的皮壳，但这种色泽并非真正的皮色。一般距原生矿较远。

据《西域水道记》记载：“于阗之玉河，每岁春秋两次采玉。”白玉河从昆仑山口奔流而出，形成冲击扇，流速骤慢，玉子沉积，采玉者云集。这里所指的玉河采玉也就是寻找质地好的仔料。优质的羊脂白玉即其中的珍品。近年来，一些个人为了在古河床内找到更多的仔玉，雇用机械设备，

和田白玉仔料

和田白玉山水料（重 980 千克）

日夜挖掘，先将厚约10米的淤泥层推去，露出卵石层，拉网式反复翻寻。这种为一己之利，严重破坏生态平衡。涸泽而渔的挖掘，也许某一天白玉的源地就此变成沙漠。地球是人类共同的家园，保护环境，适度开发，珍惜自然资源是我们的共同愿望和责任。更有甚者，笔者于近期去了趟喀什等地，惊闻有人竟把目光投向了建国初期修筑的公路段，认为路基下的卵石内有上好的白玉。要是现有河道内和古河床内的仔料全部告罄，便只有挖掘山料了，和田白玉持续发展的前景令人担忧。

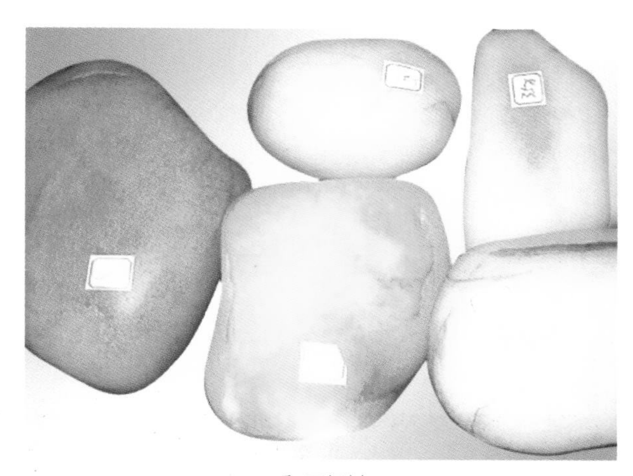

和田仔料

2．和田白玉的特征分析

和田玉的基本色彩有：白、墨、青、黄，其他玉说即从中派生。《玉纪》中有“九色”之说：“元如澄水曰瑿，兰如靛沫曰碧，青如鲜苔曰瑲，绿如翠羽曰瓐，黄若蒸栗曰玵，赤如丹砂曰琼，紫如凝血曰璊，黑如墨花曰瑎，白如割肪曰瑳。”民间热捧：“一红二黄三墨四羊脂。”和田白玉的主要色调由白到青白、灰白以至青灰；其间青灰色占到90%以上。民间一般按其色泽予以称呼，如白玉、青玉、碧玉、绿玉、青白玉、灰白玉、甘黄玉、赤玉、墨玉、羊脂玉。羊脂白玉还可细分为羊脂白、犁花白、象牙白、鱼肚白、鱼骨白、糙米白、鸡骨白等。色泽的白有个“度”的问题：如凝白、脂白、润白、干白、僵白……它的外延又可细分为粉白、棉白、瓷白、爆白等。白只是相对比较，只有更白，没有最白。

和田白玉子冈牌：指日高升

（1）白玉

白玉的质地纯、糯、精、白、硬、凝、油，有独特的质地美。古代殷商王室即以纳贡、交换或掠夺等手段向各个方国征玉。于是新疆和田玉进入殷王室，开辟了以和田白玉为主体的玉器工艺新时期。由于历代皇帝中乾隆最为酷爱白玉，清代白玉器得到了空前的发展，形成了我国古代玉器史上的高峰时期。白玉，以其色泽素雅，缜密温润，气如白虹而独领风骚数千年。《玉纪》描述白玉时写道："玉为阳气之纯精体，属金，性畏火。西方维西北部陬之和阗、叶尔羌所出为最。其玉体如凝脂，精光内涵，质厚温润，脉理坚密，声音洪亮，佩之益人性灵，能辟邪厉。"其中质地纯净，白如脂肪，细腻润滑，由内而外给你一种充满精气神、充满灵性的优质白玉，即为人们津津乐道的羊脂白玉，这是白玉中的至尊瑰宝。

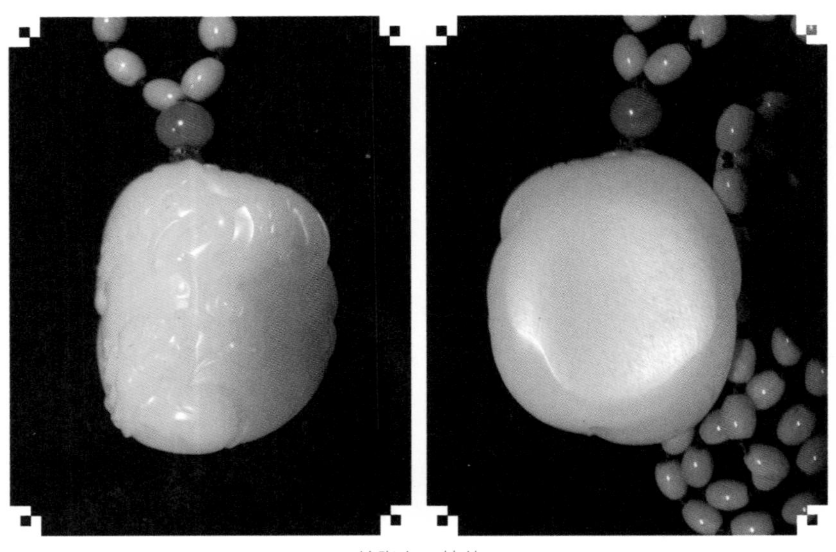

羊脂白玉挂件

（2）青玉

即白玉微带青绿色者，从淡青到闪绿的深青色、青灰色。青颜色当中又有俗称粉白青、白果青、豆青等。淡青色是指色淡青而稍带微黄；青玉的绿颜色中又可细分为从青绿到暗绿、墨绿。青玉当中有一种深绿颜色，中间带有饭糁者尤佳，不多见。那种非青非绿，色如败叶的则叫菜玉，质地比较差。青、碧、绿三色的区别在于白加青为碧，青加黄为绿，碧玉则有暗绿色、深绿色或墨绿色的区别。

黄玉：仿古瓶

（3）黄玉

大多数为浅黄色，由淡黄到甘黄，黄中闪绿。其名称有蜜蜡黄、粟壳黄、秋葵黄、黄花黄、鸡蛋黄、黄杨黄、米黄。罕有如蒸粟黄、甘黄，这是黄玉中的上品，焦黄次之。桂花黄黄得娇嫩，是较名贵的品种。白玉皮张外面往往带有一层土黄颜色，或者黄黑间杂，加工时利用其做成俏色，非常受欢迎，且越盘越有味道。

（4）赤玉

《博物要览》谓："市人亦谓世无赤玉，惟玉之留棉绺者（即璞未尽净处，今玉工所谓皮子），常带赤色耳。"《玉纪》曰："有沁而红者，有染而红者。有受石灰沁者，其色红如碧桃，名日孩儿面，有受血沁者，其色赤，有浓淡之别，如南枣、北枣，名曰枣皮红。此外有朱砂红、鸡血红诸名。色受沁之深，难以得考，总名之曰十三彩。"《玉纪补》云："赤玉人间罕有，白玉以温润坚洁为上，其色有九等，黄玉中每有朱砂点，碧玉中每有黑星。"赤玉原料笔者至今尚未见过，最多看到红皮子的。但在十几年前收购旧玉时也确实看到过一只赤色的"蝉"，大小在 3×2 厘米左右。老黄颜色中透着红光，表面起油，血脉贲张，犹如经络密布，据老法师讲有二次入土的可能。

（5）墨玉

黑亮如漆，古代称为玄玉。黑色是含有微鳞片状石墨而引起的。其形态或为点状，或为云状，或为纯黑色，其名称有乌云片、纯漆黑、淡墨光、金貂须、美人鬃。真正乌黑发亮油脂光泽很足的墨玉并不多见，一般都

墨玉：蜗牛

是黑白相间，黑中带有白性。市面上有些黑色小件是晰川玉（也有称夜光玉），与和田所出墨玉相去甚远。

（6）糖玉

犹如红糖颜色的白玉称谓，系由氧化铁污染透闪石而形成深浅不一的糖色、褐色、藤色的总称。且末料当中带糖色的比较多，而且大部分是同青褐色山料共生，由表及里渗透，俗称“串糖”。其硬度相当高，有很强的刚性，但油性细腻程度却特别的好。

（7）碧玉

和青玉的颜色区分有点说不清。常见的有湖绿、绿、深绿、墨绿、褐绿等色。青玉的色泽似乎有种绿中闪黄、绿得偏灰的那种色，碧玉则倾向于比较纯净的绿中带褐、带黝的色调。深绿、墨绿色的碧玉开成薄片之后，近似于翡翠的那种油绿。其中的区别在于碧玉的地张上往往带有黑色斑点和条带状的玉筋。《西域水道记》称玛纳斯河：“水清产玉，故又曰清水河，玉色黝碧，有文采。”在玛纳斯河的支流源头，3 500 ～ 4 000 米的冰川覆盖地带，即为国内碧玉的著名产地。

碧玉的成分和白玉差不多，也是以透闪石—阳起石为主。伴生有绿泥石、铬尖晶石、钙铝榴石及透辉石。玉质硬度比白玉稍低，但比重却要大

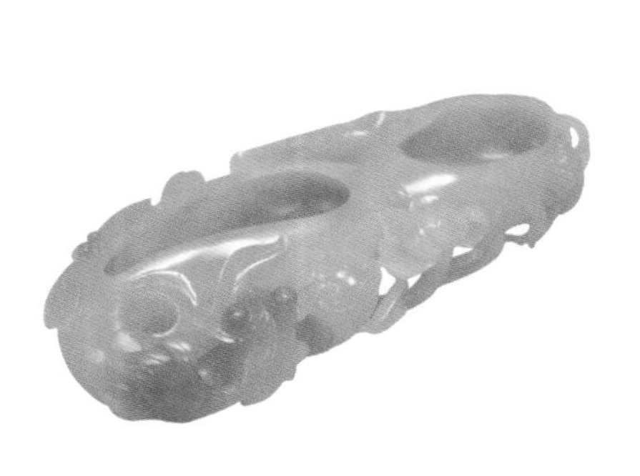

糖玉：水盂

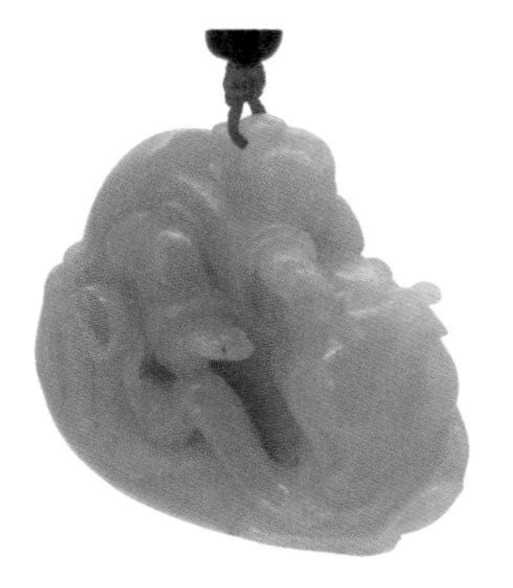

青白玉挂件：童子骑象

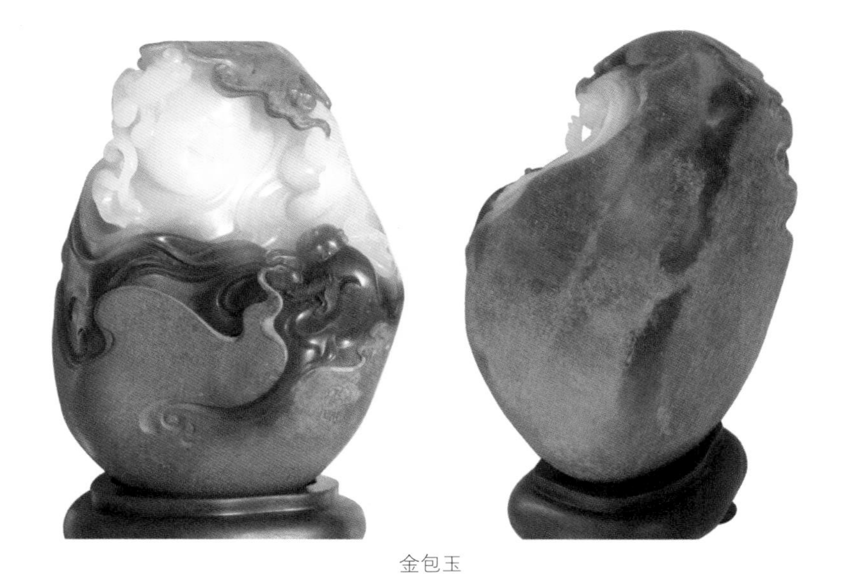
金包玉

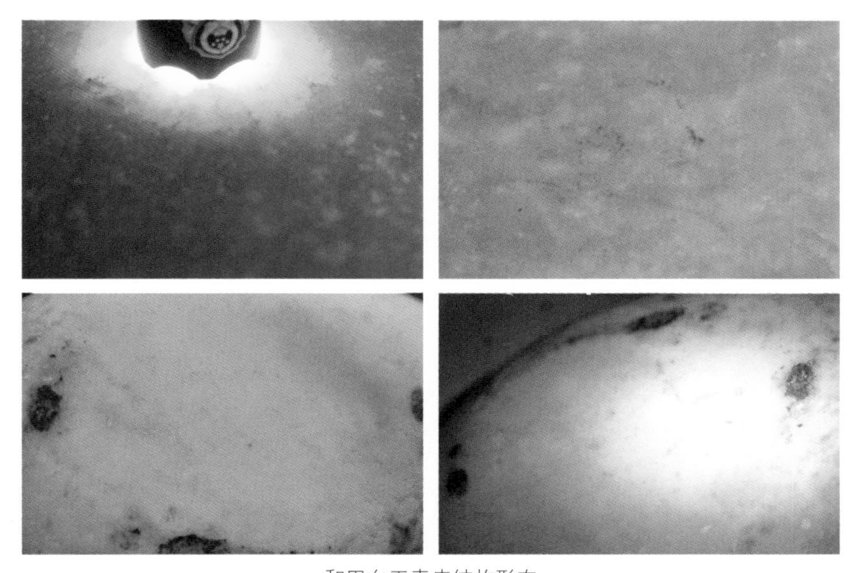
和田白玉表皮结构形态

一点，呈微透明、半透明。矿体主要由超基性岩体中的基性火山岩的捕虏体蚀变而成。其内部纤交毡状结构比较明显，有时夹杂有针柱状、羽片状板晶结构，呈不规则的插嵌。

碧玉：龙凤呈祥

国内常见的除了玛纳斯碧玉之外，尚有加拿大碧玉（俗称加碧），俄罗斯碧玉（俗称俄碧），以及新西兰、我国台湾等地所产碧玉，包括辽宁岫岩碧玉。

（8）青花

喀什地区的叶城到塔什库尔干，是盛产和田青花玉的著名产地。玉色黑白分明，品相好，块型大，纹理精美。青花玉料在和田玉中硬度是最高的，不容易被其他矿物和水质侵入。民间认为好的青花要胜于和田白玉，真羊脂即出自青花仔内。青花色彩的成因主要是含大量铁质所致。

灰白玉：关公月下读春秋

青花仔玉吊坠：府上有寿

3．如何解读白玉的皮色

和田白玉由于资源的急剧下降，目前的身价已直逼翡翠，难分伯仲。明代以前白玉器讲究玉质的清纯，不留任何杂色，而现在的玉皮已成了白玉巧雕的主旋律。如何解读白玉皮色是天然形成还是后期做上去的，这是白玉收藏爱好者碰到的最棘手的问题。天然的白玉仔料往往在原石外或多或少带点“色皮”，包括“白皮”。目前由于将山料磨光后，做假皮、假色的现象越演越烈，而在某些浅渍皮色上恶意“加强色”的人为添注，已是普遍现象。囿于这种作假现象越来越粗糙，简捷，已很难鱼目混珠。据新疆同行透露，他们目前已不再研究加色的问题，而是改为研究怎样“减色”，这对市场又将形成一种新的冲击。倘若碰到真正带皮色的仔料时，玉雕行家无论如何要想尽办法予以“挽留”，以便嗣后在鉴别中可“验明正身”，确系仔料无疑。

新疆和田白玉仔料皮色的表现形式主要有以下几种情况：

（1）玉皮

指仔料表面所分布的一层淡黄、微红、灰褐或黑色的表皮，这是玉质内含的氧化亚铁暴露在空气和河水中变成了三价铁，原本洁白的玉质在长时间的迁徙和沉积过程中逐渐形成的次生色。赤铁矿、褐铁矿在高价铁状态时形成红褐色，低价锰被氧化后则变成了灰褐色、黑色。玉皮的皮色一般都比较薄，在下游地区采集到的可能性大一些。这种皮色称为“活皮”，温润而泽。带玉皮的仔料做成雕件，经把玩几个月后较容易出现包浆和油性。此类仔料石性、沙性、米粒现象均比较少，有种透、莹、洁、凝、糯的感觉。透过皮色，可感觉到玉料内部的精光和玉质的柔润、细腻。玉皮的呈色一般是由浅黄到深黄，再到发红，发黑，通过层层累积浸染，有种近似油画涂抹的效应与质感。有句俗语叫：“千年的红，万年的黑。”杂色皮张更是繁花似锦，色彩斑斓。

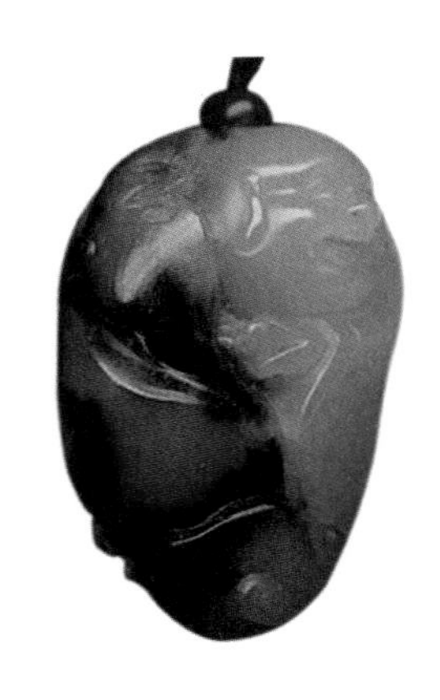

玉皮

白玉在成矿时，因含有各种金属元素，在肉质内部融为一体。呈现在仔料的表面。又经充分氧化后，形成天然“千年红、万年黑”的皮张颜色。此件雕工一流，值得收藏把玩。

山皮

山料的原生色，外观较为干枯，有刚性，带阴阳面。

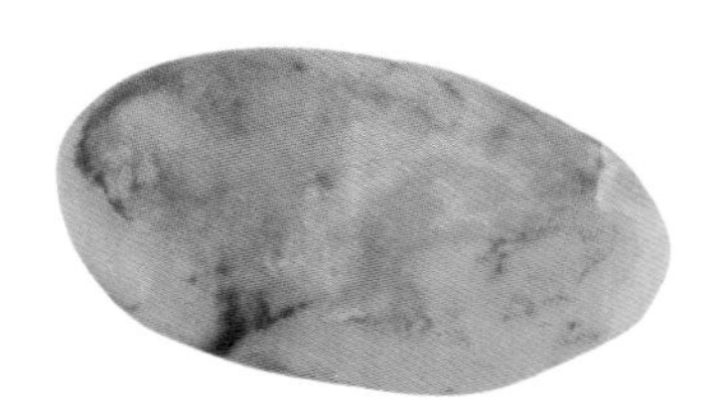

石皮

由围岩形成包裹状的卵石，其表面经风化、侵蚀、浸染所形成的次生色。

玉石共生

朝阳过山来，千壑摩天外；
秋江夕照明，苍然满胸怀。

玉夹石皮张不予雕琢胜似雕琢，色彩浓烈感人。笔者在喀什"大巴扎"一眼就被玉料上一片金黄、娇红的缤纷天然色彩所吸引，越看越觉得像夕照下的重山秋景。石韫玉而山辉，水怀珠而川媚。

（2）山皮

指山料外皮的一层氧化物。这是白玉在形成过程中，矿体裂隙被含有较多三氧化二铁的岩浆所充填，变成了一种黄棕色、红棕色的皮张。山皮的皮层比较厚。而其内部不为所动，颗粒结晶明显较粗，颜色洁白的不多,大都为青色、灰白色。这类料裂隙比较明显，缝隙处颜色也较深，而且由浅入深着色，和人为加色由深趋淡的感觉截然相反。放置时间越长，毛病越明显，外观粗糙、干枯、透度差、带有刚性。它的外形一般是块料或半山半水料，料头比较大，带有阴阳面。

（3）石皮

这是种玉与石共生的围岩。石皮与玉质有明显的界限，可以轻易剥离。在加工过程中最怕破形，一旦弄得不好，想把脏皮去掉，就会越弄越僵，里面的砂性、石性纷纷暴露出来，使原本看着还顺眼的外皮变成了满目疮痍。这类皮色结晶很粗，颜色分布混乱，形成一种杂色，以灰黑为主；内部的玉质呈变残的形态出现，这是粗晶状的透闪石，被和田玉交代得不彻底留下的痕迹；整个地张也显得混浊如米汤水，会有明显的斑斑点点，沪语叫"饭米糁"。

（4）糖皮

在和田白玉中，把表皮颜色近似于黄褐色的这类色泽称为糖皮。是由残余岩浆水沿玉脉裂隙渗透，氧化亚铁转化为三氧化二铁，呈云片状分布所形成。糖皮有粗细死活之分。鲜红、紫红、暗红色的活皮，把玩后充满了鲜活的灵性，而红棕色、红褐色、红得发黑的死皮，感观比较燥、杂乱、脏兮兮的，毫无圆润凝滑可言。糖皮，目前行业内倾向于专指俄罗斯白玉山料外厚厚一层深褐色的固有肉色特征，它的色泽厚度有时可达 3 ～ 5 厘米，而且两种颜色层面界限比较分明。不像和田玉表皮色泽如此丰富且有浸染的质感，俄罗斯白玉的糖皮有种深棕色向土黄色过渡的感觉，比较容易鉴别，这也是俄料色泽的显著特征之一。

（5）白皮

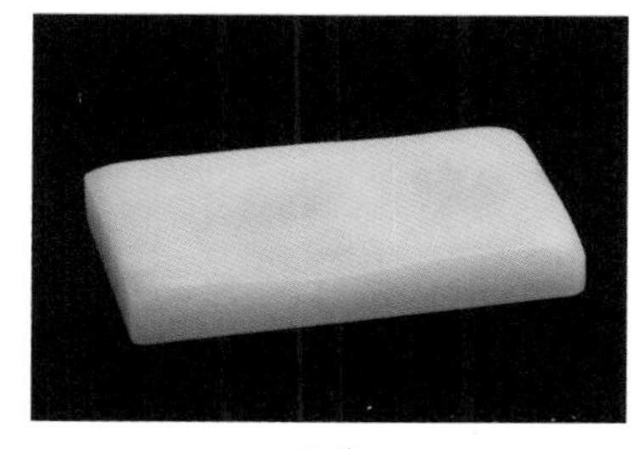

白皮

和田羊脂白玉待加工方牌（长 11.2 厘米，宽 6.3 厘米，厚 1.5 厘米，重 327.6 克）

白仔皮的形成是伴随着玉料的形成而形成的，和玉皮、石皮表层的僵块、玉花有着色质上的区别。白皮依附于肉的表面皮张，有时则要在灯光或日光的照射下，从某一角度仔细观察才能映现。轻抚表面稍显隆起或手感细密凹陷。在同一个面上，色泽变化极为细微。无色的皮张，只发生在密度较高的玉质上。系发育不够完善或成矿条件不充足情况下，原生矿脱离山脉后所留下的薄薄一层未曾发育好的玉面，应视为一种“缺陷”的美。此类白皮玉料经河水的洗礼更显珍贵，其白度、形态、玉质、油性看着舒服，摸着润美。

（6）烧皮

系指经化学染色剂浸泡，强酸处理呈色及植物染色法等作伪方式形成的“加强色”、“二皮仔”等人工染色的皮张杂色。由于玉料须先行加温后容易上色，故俗称“烧皮”。天然皮色，它的色泽是由内而外逐渐减弱，色调基本一致。而人为的烧皮，颜色单一，无深入浅出的渐变特征。烧皮玉材，内中原生石花及表面风化的石皮经染色后，与天然玉质周边的界限清晰，着色越往里越单薄。这从原料的裂隙处，可仔细加以区别。天然的次生色，裂隙中颜色是由浅入深的，而烧上

烧皮

白玉蚀皮

白色原皮经风化、滚动、撞击和戈壁风沙侵蚀变得粗糙干涩。此类原石性粗，易爆口、起壳，石花较多。

石包玉（黄玉仔料）

去的"加强色"是由深到浅，截然相反。烧过的地方，目前一般用洗涤剂浸泡会发现褪色现象。但这也不是绝对的，随着高科技手段的介入，有时天然皮色反而会褪却，人工加色的倒可能"一百年不变"，常规检验手段，往往又滞后于做假的"与时俱进"。我们还是以多比较，反复揣摩，少出手为好。

玉包石（玉髓）：仿汉心型螭龙璧（林倩为作品）

该作品依形取势，采用浅浮雕手法，刻划成面面相对的两条螭龙，玉璧中央的圆孔恰如一颗璀璨的明珠，任由双戏。处于中心位置的螭龙头部颇具汉代螭纹琢刻遗风。原仔的外型无需破形，保留了红褐色全皮状态，但略显干枯，这是石皮的表现，需久经把玩才能显出油性效果来。

水皮

此种褐铁矿之七彩光泽，系原石表面氧化膜所形成的晕彩效果。白玉内在结构在太阳光的照射下由反射光、折射光、衍射光、萤光等各种因素所组成的综合光芒，使皮张呈现出一种幽幽的金属光泽，在白玉中并不多见。（任时鸣提供拍摄）

4. 和田白玉的生成与资源开发情况

《西山经》谓："崒山之崒字正作三成之形，下层者麓，上层者巅，中成者琼瑶函之，殆非虚话矣。"据《西域闻见录》记载："去叶而羌二百三十里有山曰米尔台搭班（搭班亦作达坂，系维语"山"的意思，即今之密尔岱山)，遍山皆玉，五色不同，然石夹玉，玉夹石，欲求纯玉无暇，大至千万觔者，则在绝高峻峰之上，人不能到。土产犛牛，惯于登涉，回民携具乘牛，攀援锤凿，任其自落而收取焉，俗谓之石察子石，又曰山石。”又姚元之《竹叶亭杂记》：“叶而羌西南曰密尔岱者，绵亘不知其络，其山产玉，凿之不竭，是曰玉山。山恒雪，回民挟大钉巨绳以上，凿得玉，系以巨绳缒下，其玉色青，是密尔岱山固出青玉矣。”

挖玉不止

山料的特点是颜色白度与羊脂白玉截然不同，内部杂质多，裂隙多，白得含混、俗气，质地铿锵，有暴性。颜色呈灰白、光白、青白、毛白、瓷白、葱白，或带有黑褐色、栗壳色外皮。制作时很容易一片片脱落、爆裂，抛光时有种刚性感觉，粘上金刚砂之后呈黑色纹绺，这些起皮、断裂、粉末现象大大影响了成品的工艺价值，仔料与山料在价格上相差很多。山料由于长期暴露在烈日之下，经日晒雨淋，昼夜交替的剧烈热胀冷缩变化，形成石、沙、土堆积在一起的现象，山上往往会出现一条条白玉线带。开采时用炸药把山石劈开，取其玉质精华，切成块料（俗称砖头料），用骆驼、马匹、驴子等把它驮下山来。

《石雅》说：“玉璞不藏深山，源泉峻急，澈映而生。然取者不以所生处，以急湍无着手，俟其夏月水涨，璞随湍流徙，或百里，或二三百里，取之河中。”新疆和田白玉真正好的仔料目前已越来越稀罕，几乎找不到了。据说只在昆仑山北坡和且末一带的河流上游古河道内还可捡到一点。当地的老百姓只能在八九月间，待雪山融化后，穿上棉衣带上足够的干粮肇车牵驴，乘坚策肥，抓紧时间进山捡。有时采到了白玉，也不得不暂时找处地方埋藏起来，等来年再上山来取，要不“石大名大”，没等下山自己的命也没有了。

白玉矿的形成必须具备三个条件：一为白云石大理岩，二为构造破碎带，三要有频繁岩浆活动。岩浆经由热液运行通道射入大理岩，温度、压力，各种元素的结集才能成为玉材。由于白云石大理岩沟造成线向和矿体走向、河流流向及山势走向均相一致，与断层伴生便有了成矿场所。含伴生矿物越少，矿物颗粒就越细小，玉质则越细腻。羊脂白玉据测试，颗粒度仅为 0.001×0.01 毫米以下，青玉、青白玉矿物颗粒度就要大得多，且不均匀。

维族一家人在挖玉现场休憩

原生矿经剥蚀冲刷，其中一些被带到附近的河床河滩或戈壁中就成了仔料。

和田白玉的主要产区集中在新疆昆仑山北坡，它的西面从喀什往南，自帕米尔高原塔吉克自治县的塔什库尔干依次往东经由和田、于阗至阿尔金山的且末、若羌形成天然港湾地形，宽约 50 千米，长达 800 ～ 1 000 千米，尚继续往东延伸至青海境内。其矿点约有 20 余处。主要采矿区域有叶羌地区的密尔岱山、玛尔湖普山，皮山地区的喀拉喀什河、铁白觅，和田地区的黑山，于阗地区的阿拉玛斯和且末地区的塔特勒克苏、哈这里可奇台、塔什萨依等地。包括依格朗古、乌格依克、色日克库拉古、喀拉玛勒滚……目前已探明的矿点均在 4 000 ～ 5 000 米高的雪线附近，山料的开采还十分困难。且末、若羌一带是出山料的主要矿区，以青白玉为主，黄扣料产量也比较大。此外在叶尔羌河、克里雅河、尼亚河、车尔臣河、喀拉喀什河、玉龙喀什河中下游及两岸阶地河滩中，仔玉的采集也是白玉原料的主要来源。整个新疆地区据勘探资料显示，预计总的资源量不超过 30 万吨，而其中真正的白玉原料也仅占总量的 10% ～ 15%。“喀什”是维吾尔语玉石的意思,“喀什河”即玉河。“喀拉”是黑色的意思，墨玉河就是喀拉喀什河。和田墨玉河历史上称绿玉河，出墨玉、青玉、绿玉，也是红皮仔的著名产地。其红皮分大红、桃花、紫红、玫瑰红……因为水质和矿物质的侵透作用，玉中含石墨比较多，相对较软。玉龙喀什河称之为白玉河，盛产白玉而闻名。白玉河所产的玉料中，著名的皮色品种有：洒金皮、水锈皮、油光皮、俏色皮……

经勘察研究表明，白玉矿分布在稳定地台边缘的大断裂带上，矿体形成于次一级断裂构造的薄弱部位，是一种接触交代型矿体。矿体呈脉状，位于花岗闪长岩与镁质大理岩接触带上，矿体具有垂向分布规律。由中酸性侵入岩与镁质大理岩接触交代形成，沿层面构造破碎带及接触带等区域分布。其矿体小，为团块囊状与条带状延伸，经自然剥落形成残坡堆积和冰川堆积。岩体上部镁质大理岩为白玉、青白玉，接近岩体处为青玉。在矿脉纵向或横向上具有青玉向青白玉、白玉的过渡现象。和田玉硬度为 6.5 ～ 7，白玉为 6.7，青白玉为 6.6，青玉为 6.5，所以和田玉虽被称为软玉但并不软。新疆和田玉比重在 2.95 左右，墨玉为 2.66，白玉为 2.92，青白玉为 2.98，碧玉为 3.01，玉质越青比重越大。

和田玉的开发利用已历经数千年岁月，和田玉矿开采历史最长，规模最大的是阿尔玛斯玉矿，位于于阗南部，其开采技术仍处在比较原始状态。根据地质成矿条件推测，在昆仑山、阿尔金山一带有着绵延数千千米的玉山群，当地百姓称为“群玉山”。雪域高原，交通闭塞，山势陡峭，保留有许多人类未曾涉足的地方。尽管在玉河中从古至今不知捞取了多少玉料，但其源头何在？露头地表又在何处？尚待进一步去追根溯源。

5．和田白玉在玉石中的杰出地位

清代和田玉作为贡品进献朝廷是一件极其隆重、艰难的事。我国最大的一件玉器代表作《大禹治水图》就是以青白玉为材料，高 224 厘米，宽 96 厘米，重 5 300 多千克，玉山白色闪青，气势雄伟。为乾隆 43 年间（1778 年），由和田运至扬州，集中全国玉雕名手雕琢。完工之后，乾隆曾兴致勃勃地为山景御笔题写：“功垂万古德成古，为鱼为弗钦仰视，画图岁久或湮没，重器千秋难败毁。”

白玉握件：福禄寿（《诚信阁》何成全提供拍摄）

白玉挂件：凤鸟

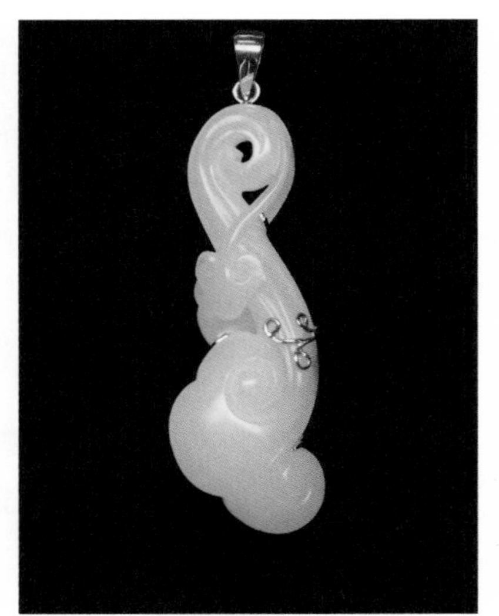

羊脂白玉挂件：如意

自清以降翡翠和白玉是玩玉的主流，和田白玉有着不可动摇的主导地位。玩玉、赏玉、易玉、藏玉建国后曾中断了几十年。20 世纪六七十年代又遭受了灭顶之灾。直到 20 世纪 80 年代初期，改革开放带来了前所未有的显著变化。乱世藏金，盛世惜玉。玉资源的不可再生和高昂的传世价值，决定了它的受众面和收藏群体的稳定性。我国文字的象形结构，在玉方面有着出色的表现，像“三玉之连其贯也。”三块美玉用一根丝涤贯穿起来，是“丰”字型。三横之连意蕴天、地、人三者的合而为一。玉字王字加一点，即王者环抱一石。皇帝的皇即由“白玉”组成。皇帝的印章又称“玉玺”。“秦以来，天子独以玉印称玺，群臣莫敢用也。”20 世纪 90 年代初期翡翠特别热门，但由于 B 货翡翠的冲击，一朝被蛇咬，十年怕井绳，翡翠的诚信度一再受挫。秋风吹不尽，总是玉关情。取而代之的白玉便东山再起。

除了和田白玉之外，青海白玉、俄罗斯白玉、阿富汗白玉、韩国白玉（韩料）、伊朗白玉、卡瓦石、精白玉、白色玛瑙、白色的模压烧结仿制品，纷纷亮相，白玉家族一下子变得丰富起来了。但不管怎么说，白玉真假的识别比翡翠难度要低，只是在仔料和磨光料（用山料在滚筒内研磨成卵石）、油性和细腻程度及白度上以及是不是皮色做假等争议上出现某些认知分歧。还不至于犯把玻璃、料器当作白玉的常识性错误，所以大家又纷纷转向把玩白玉。自清朝乾隆至今，民间玩玉者极力推崇白玉，这是其历史文化渊源和白玉自身的魅力所决定的。

从价格上来看，二十几年前一些古玩文物商店带有火漆印的明、清工白玉小件标价也就在三五百元到千把元一件。在20世纪90年代初期俄罗斯白玉刚上市时，一般两面工的“子冈牌”开价也只在250～350元一片。当时和田仔料原石每千克在5 000元左右，成品小挂件也就在500～800元一件，件头小的300～500元就可以成交了。但不到十年时间，和田仔料的牌片被炒到5 000～1 0000元一片，还供不应求。目前和田仔料的单片原料要卖到一两万元，每千克至少几万、十几万，多则几十万，而且奇货可居。好的俄罗斯料20年前只卖到2 500～3 000元／千克，现在要卖到60 000～80 000元／千克。好的青海白玉现在也吃价钱，而在十年之前，基本上无人问津。随着人们投资意识的增强，投资渠道的多元化，有了住房、车子之后，最值得投资，也是最有保值、增值空间的就是珠宝玉器、古玩、字画了。这是历史上和国外发展经济时的普遍规律。所以白玉历代被视为高档有身价的耐用消费品和传世佳品，在当今仍然有着广阔的前景和消费人群。市场上对好的羊脂白玉需求量相当大，但也非常难觅。主要是加工成子冈牌和仿古挂件、吊件、握件等。好的仔料做成各种人件、生肖、花草，如果刻工流畅细腻，形态生动布局有章法，踏地平整根脚生辣，在市场上非常抢手，价格居高不下。

白玉消费的人群日益广泛，白玉小摆件、握件的销售市场也已日益趋成熟。扬州弯头等地用白玉料做成的各种摆件，尤其是山子雕，依山造神，善用巧色。各种挂件、握件既有扬州工的特色，也融汇了苏帮的技艺。河南镇平、石佛寺等地的各类口采题材挂件、小摆件，做工不拘一格，既有安徽工艺的仿古特色，也有南方广州等地的打磨、抛光技术，成为后起之秀的玉雕主力军团。但其独创的设计能力尚不成熟，对原石的破形、留色显得过于拘谨。安徽蚌埠地区的“延安小区”、“南山市场”、“北工地”等玉雕加工销售密集地区，白玉的需求量亦相当大，做工融汇了苏州和上海模式，尤其

白玉圆牌（陈明根提供拍摄）

白玉方牌：天马行空

竹吟清声风自鸣，天马行空福相迎；
梅开二度占鳌头，灵芝一朵万山擎。

桃式玉水盂

在打磨和凿刻文字方面另有一功，技艺十分老到。而上海和苏州等地白玉雕刻则以创新和个性化的发展引领潮流，大师云集，各显神通。在用料方面只取顶级白玉，从善用俏色到保留天然皮色不予雕琢，发展至今不留皮色……从对皮色处理的轨迹不难看出，长江三角洲市场经济特别活跃地区，白玉雕刻已到了炉火纯青的境界。

6．其他白玉品种简述

（1）俄罗斯白玉

源自俄罗斯境内邻近贝加尔湖的达克西姆和巴格达林地区的峻岭中，上山很不方便，车在戈壁滩上开到无法再开了，再坐直升飞机上去。所有物品由人背上去，用柴油发电来驱动开采设备。整个矿体呈透镜状、脉状、层状、团块状，从其断面处观察，可见明显的分带现象。从边缘到中心，色泽由褐到糖过渡为棕黄、青色、青白色、白色。结构也由粗逐渐变细，核心部分也有油脂状表现，是种较高品位的白玉原料。主要生成于酸性岩浆岩和白云

俄罗斯白玉（俄料）

质大理岩的接触带中，由于三价铁溶液的渗透，形成典型的皮壳与内皮糖色特征。而且皮与肉之间界限清晰。俄料也有仔料存在，在矿区原始森林的河床内，很少有人涉足，产量极小。它的结构主要为显微晶质体，以中细粒变晶结构占主导，而和田玉矿物形态主要为隐晶纤维状。俄料的粒度不够均匀，光泽带有瓷性，发青，皮层糖色比较厚。缺少色泽的渗透，本色有点像涂抹的感觉，这是俄料色泽的显著特征之一。不像和田料皮色比较薄，是由后期氧化所致。两者最大的区别是细腻和油脂程度不同。和田料的变晶结构可以是毯状、纤维状放射状、叶片状、鳞片状等。而俄料块状结构呈致密的透闪石颗均向插嵌排列。片状结构在脆性条件下发生碎裂，在塑性条件下表现为纤维状、长柱状透闪石定向排列。

俄罗斯白玉仔料挂件（石皮）（朱锡康提供拍摄）

俄罗斯白玉仔料挂件（糖皮）

俄料越到内里颜色越白，虽不及和田白玉浓、密、稠、厚、油，但它的白度是越看越白，显瓷白、刹白。仔细品味和田白玉的白是一种有内涵、由里而外、具有厚重质感的润白，它的白又总是白中泛青、泛灰。它是建立在那种单体晶粒结合紧密、排列均匀、极细颗粒基础上的纤交脉理。在光线的反射、折射交织吸收状态下的柔性的白，经得起寻味和抚摸的考验。俄料由于内部玉质棉絮状分布纹理较随性，部分呈糊状和粥凝汤，这是它的纤维变晶交织结构发育不完善所引起的。

青海白玉（青海料）

（2）青海白玉

是国内1992年发现的新矿，位于昆仑山北面格尔木市的万宝沟，当初也叫昆仑玉，但容易和原来蛇纹石类昆仑玉相混淆（过去行业内称其为“马蹄筋”），所以干脆称其为“格尔木玉”。其矿物成分以透闪石、阳起石为主体，更接近透闪石。含少量蛇纹石、绿泥石、磁铁矿，色彩比较丰富。颜色有乳白色、白色、灰白色、浅绿至深绿色、墨绿色。呈显微纤维状和针状晶体，具毯状结构。玉性温厚，致密有韧性，质地较细，蜡状光泽，微透明，不透明，比重在2.95～3.10，硬度约为6.5，略低于和田白玉，接近青白玉。它的主要成分比和田玉要单纯，其他特征都比较接近。生成于碳酸盐岩层内的白云质大理岩和白云岩与中酸性岩浆侵入接触带，属接触交代变质矿床。它最大缺陷是在常规抛光条件下，不容易抛得光、玉质有软硬劲，硬的地方抛好了，软的地方抛不亮，所以在未抛之前根脚做干净后，一抛反而显得不平整了。青海白玉原料都系毛口表皮，表面粗糙，多棱角或呈劈片状、不规则块状。内部石钉、石筋、水线，杂质较多。其颜色表现形态有青花、翠青、青白、

阿富汗白玉（阿富汗料）

黑灰白等，青海白玉的白是种白中透灰的白，它的白明显有种透、稀、松、薄、水的质感，像掺了水的牛奶及石灰水的味道。

（3）阿富汗白玉

这是种产自阿富汗的大理岩，属纯净的方解石质地。原料块体大，杂质裂纹不多，颜色比较均匀。有纯白色、乳白色和微红肉色。微透明，半透明，其层状条纹特征，有点像华夫夹心饼干的外观。断口呈油脂光泽，比重为 2.72，硬度低，遇酸起泡。笔者在河南镇平石佛寺见到最大一块重约 8 吨，堆场内约有 40 余吨毛料。其加工性能和抛光效果均优于一般的大理石，常雕成奔马、白菜、花草等摆件，价格低廉。

（4）韩国白玉

作为白玉的一个品种，韩国白玉是最近几年才被逐渐重新推向市场，业内俗称“韩料”。其价值从“料”字上可见被重视的程度是与山料、石料、料器归为一类，玉料从外观来看均系山料。

韩料主要产地在朝鲜半岛南部的春川，产于当地的蛇纹岩中，多数色泽是青黄色和棕色，少量白色。其化学成分与和田白玉基本相似，属于透闪石为主的矿物。带有蜡状光泽，比重略偏轻，结构不够细腻。凝性比和田玉差，透明度不及青海料，也没有俄料那种瓷白。

韩料是由沉积岩、灰岩、大理岩，经三氧化二铝、氧化硅酸性物质经变质交代生成演变而来。其中钙、镁、铬的成分被铁所替代，便由阳起石变成了透闪石，其硬度只有 5.5 左右，明显低于和田白玉，且结构过于浑沌，像面汤水。

（5）京白玉

产自北京郊区门头沟，由石英微粒组成，直径以 0.05 ~ 0.1 毫米为主，含少量绿帘石及碳酸盐、铁质、泥质等杂质。颜色从纯白色至乳白色，也有糙米白、青灰白色。微透不透明，硬度在 6 ~ 6.7，生成于硅

韩国白玉（韩料）

粉末压制品

伊朗白玉

质条带白云岩的断裂破碎带中，后期受热液蚀变，矿体多呈透镜状。1966年试开采，因经济价值不高，地表经十几年采掘也差不多了，业内视作大理石，或称其为“卡瓦石”，不认为是玉。

此外，还有许多白颜色、黄颜色的“玉”，在鉴别中要多注意，多看内部结构，比较硬度、比重等物理性能，很可能就不是真正的玉。

京白玉

粉末压制品

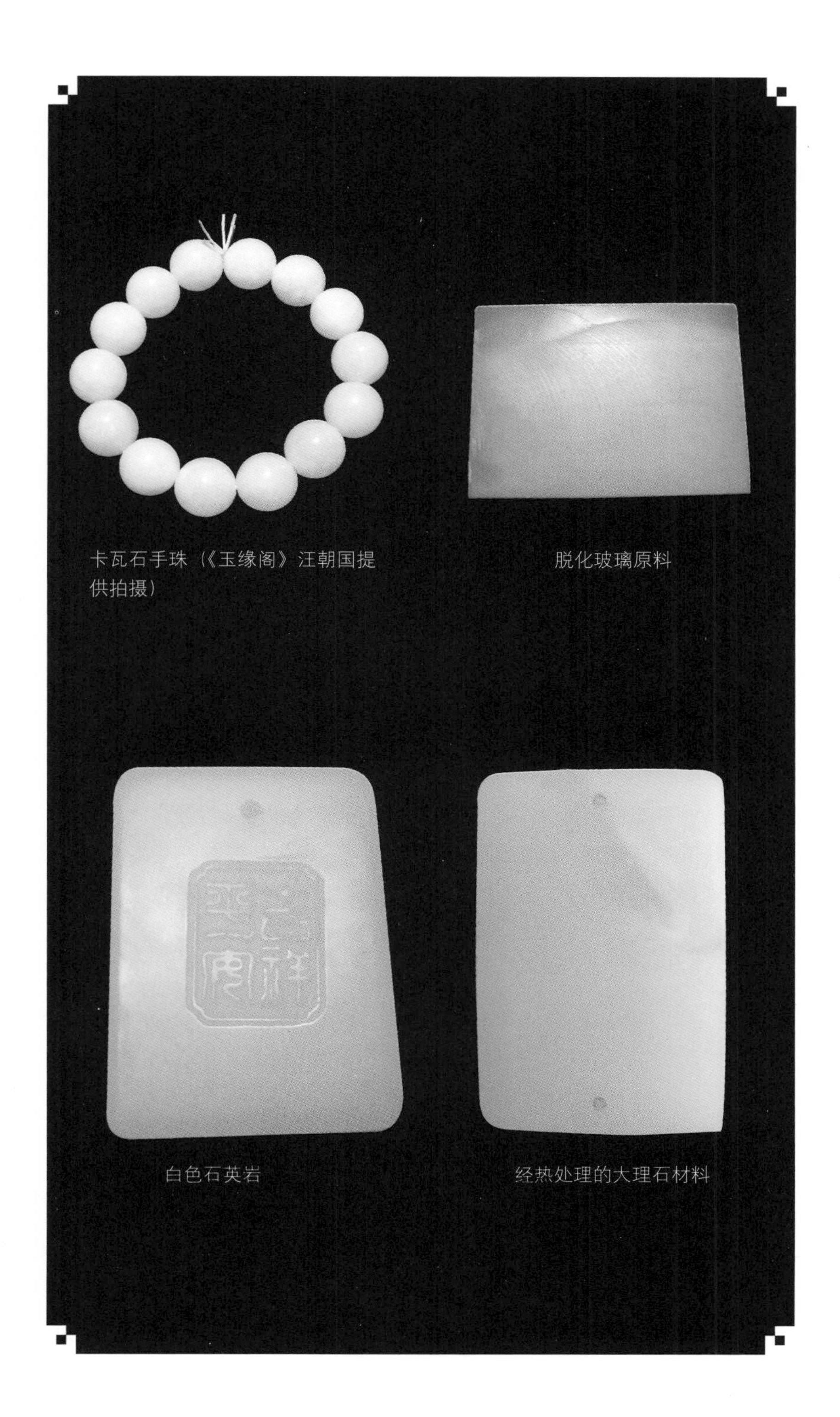

卡瓦石手珠（《玉缘阁》汪朝国提供拍摄）

脱化玻璃原料

白色石英岩

经热处理的大理石材料

三、玛瑙

玛瑙两字,汉以前鲜有记录。《广雅》谓:“玛瑙石次玉。”《格古要论》又谓:“非石非玉,是玛瑙非玉也,何得言琼。”《左传》:“琼,美玉之别名,亦称琼弁。”《说文》则言:“玉,石之美者。”古时玉、石可以通称,系同类。

玛瑙是有着与人类同样悠久历史的宝玉石杰出代表。我国古典金石类中将玛瑙划归玉属,因它具有玉的品格特征。玛瑙早在新石器时代就已被认知,其玉质是由无数细小的肉眼看不到的二氧化硅石英颗粒集合而成,呈不规则卵状、集聚状,地质学上称为隐晶质集合体。它和碧玉、石英、水晶、月华石,并称二氧化硅家族的“五朵金花”。

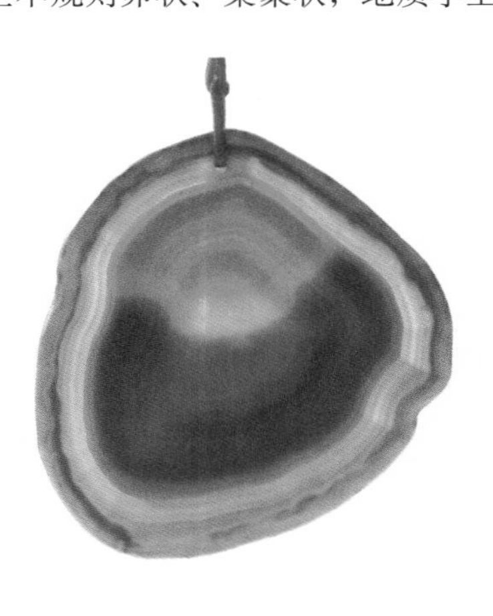

天然玛瑙纹理结构

魏文帝曹丕有篇《玛瑙勒赋》说玛瑙:“出自西域,纹理交错,有似马脑,故其方人因以名之。”玛瑙一词起源于佛经梵语“阿斯玛加坡”,意思是“马脑”,故有色如马脑或马脑变成石头之说。因属玉石之物,又书写成斜王旁的“玛瑙”。也有称玛瑙为“文石”(纹理交错)的,在北方又称“火石牙子”,用

玛瑙蕉叶炉

以敲击取火。据《拾遗记》记载:“丹丘之野多鬼血,化为丹石,即玛瑙也。”有神话相传，黄帝除蚩尤及四方群凶，积血成池，凝如石，即成红玛瑙。在罗马、埃及、伊朗、塞浦路斯和古代波斯一些有趣的记载中，玛瑙被赋予了许多非凡的力量。另一个有趣的传说与公元二世纪希腊采珠人有关，他们相信在通到海底的绳上系上玛瑙，玛瑙将会转向藏有珍珠的地方，这样沿着绳索潜入海底，便可找到珍珠。

“千种玛瑙万种玉”，玛瑙的种类繁多，是典型的低温胶体矿物。由于它诞生于火山活动的后期，随着火山奇观接近尾声，饱含二氧化硅的胶体溶液，沿着裂隙通道挤上来，渗透到因气体逸散而成就的玄武岩空洞或裂缝中，依次连续沉积形成弯曲条状、同心缟状结构千姿百态的玉髓。含玛瑙的火山岩风化破碎后，经水的搬运可在海湾、河道内形成次生玛瑙矿床，例如南京的雨花石、六合石，河南汝阳县的汝州石，北京平谷县的金海石等。玛瑙硬度在 6.9 ~ 7.1 级，比重在 2.6 ~ 2.7 之间，原料形态以块状为主，其次有球状、脉状和不规则的椭圆状等。玛瑙最大的特点是具有明显的波状、环带状或同心层结构，五色锦章、纹璇隐曜。

玛瑙的称呼,可从颜色上加以区别,如白玛瑙、灰玛瑙、红玛瑙、绿玛瑙、

玛瑙摆件：卢沟晓月（北京玉器厂制作，高 14.85 厘米，长 33.3 厘米）

蓝玛瑙……可以是单色的也可以是组合色的。从玛瑙的纹理变化又可称为：缠丝玛瑙、柏枝玛瑙、苔藓玛瑙、竹叶玛瑙、蚕丝纹、水草纹、山水纹、冰棱纹。另外有种水胆玛瑙是比较特殊的现象，其中间部分含有可见的液体。周密在《云烟过眼录》中记载："琼浆石，水石玛瑙也，视之滴水在内，摇之则上下滚动。"国内著名的产地在黑龙江省中北部及西部的加格达奇、逊克等地，所产又俗称东北玛瑙。辽宁西部阜新地区的锦州、阜新、宁城等地区产量极高，称为锦州玛瑙。国外玛瑙著名产地在巴西。

我国古籍中，对玛瑙的评价仅次于白玉，尤以天然红玛瑙为贵。《广雅》所记："玛瑙石次玉，玉赤首琼。"汉朝以前，将玛瑙称为"琼玉"与"赤玉"。玉赤首琼，即指红色的玉石以红玛瑙为最佳，真正好的红玛瑙红得像红珊瑚、红蜡烛颜色，鲜艳夺目，非常漂亮。清代吴大澂所著《古玉图考》云："医乌闾产珣玗琪，明如琥珀，雕琢艺术以锦县独精，远近行销。""医乌闾"即今横贯辽西的锦州闾山，珣玗琪即为玛瑙。

玛瑙也有山料和仔料的区别，仔料比山料更硬一些。玛瑙硬度高，质地紧密细腻，略有棉绺，其色彩特别丰富，是玉雕产品的理想材料。玛瑙摆件工艺最有特色，做工分为南北两派。南派手法细腻，构思巧妙，做工精湛，玲珑透剔；北派粗犷，简练含蓄，誉为"南秀北雄"。全国玉雕特级大师关盛春老先生，曾寻得一块被人遗弃在料场上数年的杂色玛瑙，反复揣摩如何运用玛瑙上面的橙色、米灰色和殷红色，终于设计出一件漂亮的《佛手盘》：橙黄色雕琢成似闻香气的佛手，米灰色则雕成轻薄的玉盘，三颗殷红的樱桃点缀其间，素淡高雅，形象逼真，色彩妥帖，有人还怀疑是否是贴上去或是染上去的。关老先生做玛瑙碗，可以薄到入水不沉，人称“水上漂”、“南玉一怪”。北派的玛瑙摆件近代作品如北京玉器厂宋世义设计制作的半圆形玛瑙摆件——《长生殿》,也是一件不可多得的佳作。作品前面的白色部分雕成唐明皇与杨贵妃的人物主题，横向的低栏和错落有致的树木山石，营造出庭院深深的丰富层次，中间夹杂的蓝灰色调，被恰如其分地镂成了一缕轻烟，朦胧飘忽，衬托出夜深人更静，而大块的黑色背景被压缩成众多的亭台楼阁建筑，尤为出彩的是左上角一团红白相间的杂色，被雕琢成红、白两只比翼鸟，缠缠绵绵翩翩飞，下面的连理枝转折蔓紧相随。如此的视觉冲击力，使人们情不自禁地吟出“在天愿做比翼鸟，在地愿为连理枝”的名句，而远视这半圆形的作品轮廓恰是一轮七夕的上弦月。浪漫故事有了细节刻画，便更加饱满生动，跃然眼前。

水胆玛瑙摆件：招财进宝（上海玉石雕刻厂制作）

四、独山玉

独山玉也叫独玉、南阳玉，是河南著名的玉种之一。独山在南阳市东北角10千米处，火车进南阳时，从窗外可看到阳光下孤山的左面绿荫葱葱，右面裸露的岩石闪着磷磷的黄土色。早在新石器时代，先民们就在此开山采玉，用它做成玉铲、玉凿、玉璜等生产工具和简单的饰品。到西汉时又演化为生活用器皿，出现玉杯、玉盘、玉碗、玉灯。目前南阳市对独山玉的开采已加以严格控制。

独山玉又称“糟化石”，是黝帘石化蚀变斜长岩，属钙铝硅酸盐类岩石，为铬铁矿相伴生的岩类。于低压条件下在裂隙或破碎带发育处，多次交代充填形成的玉矿。由于低温、高温热液的反复接触交代，独山玉所含的成分比较复杂，除了斜长石、黝帘石之外，还含有绿帘石、金红石、透辉石、钠长石、铬云母、铬铁矿、黄铁矿、黄铜矿等。玉石颜色多达20余种，主要色泽有红、白、黄、绿、青、蓝、紫等七类。独山玉质地细腻，坚韧致密，色彩艳丽，具油脂光泽，硬度为6～6.5，比重为2.73～3.18，不透明至微透明。好的独山玉绿白料与翡翠极为相近。

河南独山玉原石

从色泽特征可分为：红独山玉

（芙蓉玉）、白独山玉（水白玉、干白玉、乌白玉、奶油白玉）、黄独山玉（橙玉）、绿独山玉（绿玉、绿白玉、天蓝玉、翠玉）、青独山玉（青玉）、黑独山玉（墨玉）、紫独山玉（紫色玉）；其中以水白玉、绿玉、绿白玉、天蓝玉、芙蓉玉的价值为高。白玉多做人物，绿玉、天蓝、紫玉做花鸟、炉瓶、兽类；透明度好的做小挂件、戒面、吊坠、圆珠等首饰镶嵌件。其原料级别分成七个档次：特优级、一级、二级、三级、四级、五级、等外级，价格从每千克几百元到几十元不等。目前真正好的独山玉料已不多了。

独山玉圆璧

云有蓝天璧有屏，紫气东来绿幽林；
红枫丹崖添苍然，独山有玉诉衷情。

遨游在艺术领域中的发现，在于无迹可寻，在于一言难尽。独山圆璧经矿化重新结晶后，表面已呈玻璃光泽。座子底下长方块为独山原料的本来面貌，笔者特意放在一起以示比较。

五、密玉

密玉也叫河南玉，产于河南省密县境内，是石英岩的一种。密玉的颜色有翠绿、浅绿、柿红、肉红、乳白、黄、灰、黑等色，与所含微量元素矿物有关。绿密玉比较多，以脉状产于石英岩裂隙中，因含铬云母而致绿，是主要采集对象。白密玉为层状产出，主要作油石用。矿物成分石英占95% ~ 99%，其他有绢云母、锆石、金红石、电气石、磷灰石、金属矿物等。密玉硬度 7，比重 2.7，微透明至半透明，有亚玻璃光泽，质地比较均匀，带有砂星闪亮杂质，色泽好，硬度适中，容易抛亮。当时上海珠宝玉器厂做成大量红、绿枫叶小件供出口，很受欢迎。密玉也可做各种人物小摆件，像老寿星，济公，福、禄、寿三星，八仙，弥陀，观音等。

红密玉小摆件：老翁

绿密玉摆件：游春图（高 120 厘米，宽 70 厘米，厚 65 厘米，重 850 千克）

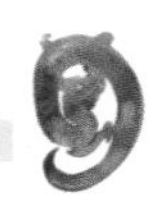

六、梅花玉

梅花玉也叫汝州玉、汝玉，产于河南汝阳县，是我国历史上的名玉，属火山岩系硅化杏仁状安山岩。安山岩中有无数小气孔被充填有圆形、椭圆形、拉长状、云朵状及不规则状石英、长石、绿帘石、绿泥石、方解石等混合物组成的小杏仁体，它们不均匀地分布其中，一些蚀变矿物沿着岩石裂缝形成细脉状，疏密不等地分布在岩石中，经挤压及后期蚀变就形成了梅花玉。因玉石以墨色、黑绿色及少量紫色的斑状结构出现，这些穿插迂回的棕红色细脉与多色的杏仁体连在一起，穿过或绕过杏仁体，酷似蜡梅，颇有“瘦枝疏花，淡逸清远”之韵味，故称梅花玉。它的硬度为 6 ～ 7，有油脂光泽，质地细腻，微透明，可雕性良好。

梅花玉手镯

七、岫玉  

岫玉香炉

岫玉，产于辽宁省岫岩满族自治县境内，玉以地名，名以玉传。岫岩县是我国最大的玉石产地，素有“玉石之乡”的美称。国外把岫玉称为“中国玉”，在选定国石时，多数专家认为，它虽不如和田白玉高级，但它的产量大，历史更悠久，储量足以维持相当长的时间，而相对而言，和田玉料的采出有点捉襟见肘，所以至今尚未作最后的定论。岫岩地处辽东半岛腹地，自辽代金明昌四年（1193）设置为县，以“秀岩”名之，明代改称“岫岩”。建国后隶属安东（现丹东市）。笔者第一次去岫岩时，当地人介绍说他们正在申报改为满族自治县，但因没有满语、满文的支撑，虽然全县80%人员为满人，一直未能如愿。1985年遂正式批准为如今的名称，1992年起隶属鞍山市。

岫玉的开采、制作已有上千年的历史，汉初《尔雅》中就有记载。故宫博物院收藏的两件出土古玉“碧玉螭佩”、“青玉鸟兽纹柄型器”均系岫玉制作。岫玉属于比较典型的蛇纹石质软玉。蛇纹石生成于南方广东、福建称为“南方玉”、“新山玉”（也有写成“信山玉”系信宜所产），生成于

青海等地的又称“祁连玉”。历史上著名的“夜光杯”，就是青海祁连山玉所制。岫玉中尚有一类，行业中称为“老玉”的透闪石成分为主的玉料，其特征为石包玉、玉夹石，色彩比较丰富，商业名称叫“河磨料”或“河磨玉”。产自岫岩地区泥沙砾石层中。由山顶的“老玉”裸露地表，风化破碎，泥沙夹带、滚磨所致。主要集中在岫岩白沙河河谷底部。外层带有风化皮色，呈白、灰白、淡黄、褐黄、褐红、褐青、青碧、黑等色，其中带枣红皮的更显珍贵。其比重、硬度和岫玉相当，外观容易和“黄口料”，“黄龙玉”相混淆。该类玉料做仿古件是最为贴近“古气”、“古意”的理想材料。

岫玉的主要成分为含镁硅酸盐，镁占43.7%，二氧化硅占43.3%，其他还包括水分在内；硬度为4～6，比重为2.61。由于它氧化硅含量偏低，铬、铁含量高，透明度就差。颜色以碧绿为主，其次为淡绿、绿白、灰绿、黑灰，玻璃光泽很强。好的岫玉质地均匀，透明度高，颜色纯净，玉感诱人。中档岫玉颜色不够均匀，色有点偏黄、蓝灰、黑，纯净度稍差些，偶有白点瑕疵杂质，透度在半透明至微透明之间。差的岫玉石性很重，玉夹石，有僵斑、裂隙等缺陷。玉料的价格根据质量和块体大小可分为特级品、一级品、二级品、三级品、等外品五个级别，分别核价。

岫玉产品以各种炉瓶、花鸟、动植物、佛像等摆件和日用性较强的杯、盘、碗、筷、酒具、餐具、象棋、算盘等为主。大料是龙船、宝塔、屏风、山子雕等陈设品的理想玉材。据报载：1997年9月岫岩发现了迄今世界上最大的整块“玉石王”，这块玉王高约20米，直径达30余米，重达数万吨。这块玉石表皮呈褐色，而它的下部红、黄、黑、绿色杂处，为色彩斑斓的花玉，成功剥离后将在原地雕琢加工。2 000多年前汉靖王“金缕玉衣”用的玉片就是岫玉。红山文化中的“中华第一龙”距今已有5 000多年的历史，也是用岫玉琢成的。夏商至秦汉期，岫玉已被用于各种礼器、陪葬品和串饰佩件。1976年发掘的商都安阳殷墟“妇好墓”，出土玉器多达755件，均用岫玉、南阳玉、和田玉制成。至今岫玉仍是玉料中使用最为广泛的中低档材料，玉雕工艺品已发展为七大系列100多个品种。近期湖北黄石也有蛇纹石料产出，但性脆，杂质裂隙多，质量欠佳。

岫玉摆件：母子马

八、绿松石

绿松石矿物

绿松石，英文名称叫土耳其石，在加工中俗称松玉、松耳。其原矿状如松果而得名，也有称其色如青松而名之。世界上最优质的绿松石来自伊朗的泥沙普尔，故“波斯绿松石”已成为绿松石最高品质的代名词。湖北西北部武当山地区的郧县、郧西县、竹山县是我国绿松石的主要产区，它的颜色有蓝色、湖绿色、亮绿色。原石外形呈结核状的多，因含有母岩蜘蛛网状花纹，有点像花菜，也有葡萄状、脉状等外生矿石构造。湖北省郧县郧阳绿松石开发总公司所在的海拔 1 200 多米的云盖山曾采集到特大绿松石，长 82 厘米，宽、高各 29 厘米，重达 66.2 千克，呈蓝绿色，结构完整，

质地细腻，是目前世界上最大、最完整的一块绿松石矿体。陕西省境内的白河、安康、平利等县也有产出，但矿石呈黄褐色的多。马鞍山、向山、凹山一带所产绿松石颜色有天蓝色、蓝绿色、浅蓝色及黄绿色。

绿松石的成因目前看法还不一致，它主要长在含碳硅质板岩破碎带中，在近 2 000 米深的地表处。结核状绿松石主要分布在挤压透镜体内或裂隙的交叉处岩石破碎部位。致密块状绿松石生成于各种裂隙中，呈单脉和复脉形式出现。绿松石的硬度为 6 ～ 6.5，比重为 2.40 ～ 2.84，隐晶质结构，有弱玻璃光泽。行业内加工时，把硬度大于 5 的称瓷松，硬度在 4.5 ～ 5 的称绿松，硬度在 3 ～ 4.5 的称面松。目前市场上 90% 以上系仿冒制品，其各类测试参数与绿松石相近，实为注胶的高岭石，胶体的磷酸盐类物质。

绿松石的产量不高，平均 10 吨的矿石，只能得到 1.25 千克的原石。目前云盖寺绿松石矿区东部及中部已基本采空，仅西部尚在开发。而竹山县的喇叭山绿松石矿，矿区面积 3.24 平方千米，共有 5 个含矿层，每年的产量也就在 1 000 多千克。我国在新石器时代，就曾利用绿松石作饰品，甘肃省出土的绿松石珠 20 枚，距今已有 3 800 年历史。古书《缀耕录》称湖北绿松石为“荆州石”或“襄阳甸子”，而将波斯产的绿松石称“回回甸子”。建国以来大型绿松石摆件中珍品、精品并不多见，最杰出的要数袁嘉骐设计制作的《极乐园》、《八仙过海》、《观音童子图》、《采药》等大师级的作品。

绿松石摆件：极乐图（长 22 厘米，宽 17 厘米，高 83 厘米）

九、孔雀石

孔雀石，我国古代称为“绿青”、“石绿”或“青琅”，在春秋战国古墓中已见。国内广东省阳春县的石录铜矿是一个罕见的孔雀石矿山，储量居全国首位。此外在湖北大冶铜录山，福建的北部和东西部铜矿地表及氧化带中也有产出，但所产孔雀石杂质多，质地疏松。

孔雀石的颜色非常鲜艳纯正，抛光后绿色、翠绿色、蓝绿色条纹清晰漂亮，具有绢丝光泽。它的同心状或放射状纤维结构特别明显。具有纤维状或针状集合体的孔雀石，如垂直平面构造方向琢磨成素宝、蛋形宝在其表面会出现一条亮带，类似猫眼效果。它的原料大部分呈肾状、葡萄状、钟乳状或块状，硬度比较低，磨成粉末可用作国画颜料。

孔雀石原石（与铁矿、铜矿共生）

孔雀石摆件：童子拜观音（关盛春设计制作，陈羽彧收藏）

孔雀石矿物

十、青金石 

青金石（青金），古代有各种称谓如“金碧”、“金星”、“璆琳”、“瑾瑜”、“金精”、“金璃”、“点黛”（染青石谓之点黛）、“壁琉璃”……中国历代古书均有讲述，最早的如《隋书》，以后有《五代史》、《明一统志》等都略有记载。按《石雅》说法：“则似汉初已先有是称而梵译沿用之者。”玉器行业俗称“金格浪”。青金石色相如天，或复金屑散乱，光辉璀璨，若众星之丽于天。

青金石手镯

青金石的著名产地在阿富汗，他们开采后悉数收入国库。数千年前，伊朗、印度就将青金石用于首饰，阿拉伯国家对青蓝色特别感兴趣，认为青金可以催生助产。

青金石矿物

青金的成分属于含钠铝和硫的硅酸盐，在天青色的颗粒间隐藏有金色闪亮的点状和线状物质，夹杂有黄铁矿，它与蓝纹石的最大区别即在于此。青金石具有美丽的艳蓝色、深蓝色、蓝绿色、蓝紫色，以纯正的天蓝色为上品。硬度为 5 ～ 6，比重为 2.75，矿物呈块状集合体，不透明。青金石适宜做带有植物、动物陪衬的炉瓶，如龙瓶、狮瓶、龙凤瓶等。上海珠宝玉器厂曾用阿富汗青金石做过一只“九龙瓶”，天蓝的底色上，九龙腾跃金碧辉煌，浑然一体，效果相当不错。把青金做成佛珠、手珠、戒面、挂件也很有韵味，做成各类摆件山子雕观赏性也很强。

十一、木变石

木变石也叫木纹石、老虎石、虎睛石、鹰睛石，主要分布在蓝石棉矿体强烈硅化地带，为原石棉矿的非工业矿体的硅化青石棉。由于石英质的充填，靠硅质坚定地充填后的石棉呈定向排列，有明显的较长棉丝可见，占25%左右。它的质地比较坚硬，润泽，细腻，很少有破碎裂纹，性韧，断口参差针状，不透明，硬度为6.5级，抛光面有绢丝光泽，很容易磨出猫眼效应。我国产地在黑龙江省中部，以及陕西秦岭以北的商南县。木变石适宜制成戒面、小挂件、生肖摆件、人件等。黄褐色的木变石做成戒面色彩犹如虎睛，称虎睛石；若青中闪蓝的犹如鹰眼，则称鹰睛石、鹰眼石。近年来，在河南晰川经地质勘查发现有蓝石棉矿脉蕴藏，其共生的“虎睛石”呈红褐色自由花纹，外观犹如“中国红”的漆器呈色效果，有待开发利用。

木变石小件：蝉（赵定荣收藏）

虎睛石矿物

红睛石章料

木变石矿物

木变石手串

红色为红睛石，黄色为虎睛石，蓝色为鹰睛石，均能磨出猫眼效果来。

十二、蜜蜡黄玉

蜜蜡黄玉，主要成分为白云岩，因含铁质多少不同，其颜色有深蜡黄和浅蜡黄两种。蜜蜡黄玉质地致密，性脆，硬度为4.2，比重为2.6～3.1，不透明，有时会有点状、团状、云雾状的纹理，颜色比较典雅、温和，块体大，受热后易出现裂纹。主要产地在哈密，属震旦系地层中铁矿的顶板产出，价值高于铁矿。自新疆地质局发现后，作为低档玉料在玉雕行业用途比较广泛，近期大量用作装饰建材。

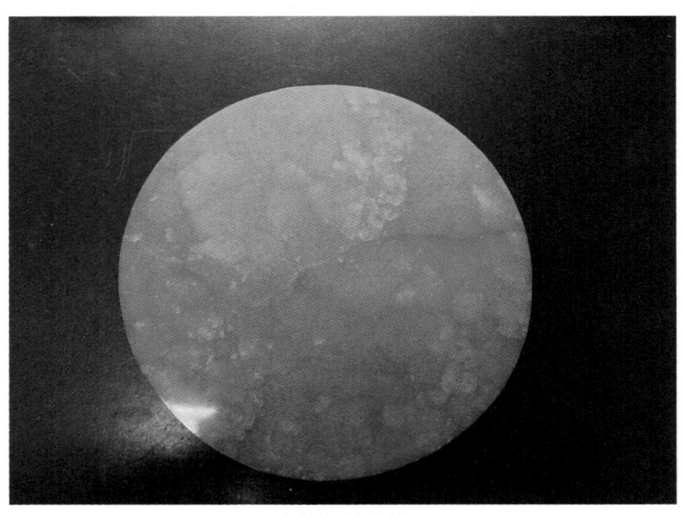

蜜蜡黄玉圆片

十三、东陵石 

东陵石，属石英岩矿物，含铬云母和铁锂云母，硬度为7左右，不透明，蜡状至油脂状光泽；质地近似于玉，但显得粗糙；白性（也叫萝卜性）比较多，有闪亮星点，具一定韧性。在制作小件时按颜色称为红东陵、绿东陵、蓝东陵、黑东陵等，适宜制做造型稳重的仿古器皿和历史人物、神话题材及各种小饰件。主要产地在印度、智利、西班牙、前苏联等地。

东陵石矿物

东陵石首饰

十四、黄龙玉

黄龙玉手镯（上海《瑜麟珠宝》提供拍摄）

云南省龙林县中南部有条自北向南的河流，由西向东汇入怒江，它的发源地小黑山为云南省省级自然保护区，被苏帕河及其上游的十多条支流环绕。在小黑山及其周边地区，由于地质的变化，原生石英岩矿脉含有较高的二氧化硅，并且结晶相当细腻，被视作玉髓。它的颜色以黄色为主，又发生在龙陵，所以称其为“黄龙玉”。

在2 000年前后，有位姓李的广西人在此修建水电站时，偶然在苏帕河底发现，其品质要胜于当地贺州市场上出售的黄蜡石（作为观赏石的黄蜡石其主要产地是在潮州、贺州）。遂以几元钱1 000克的价格收购15吨运至贺州，售出后赚了2万元钱。2004年云南甫始定其名为“黄龙玉”。经炒作，一度创下了玉石史上涨价幅度飙升的奇迹。

黄龙玉方牌：执荷童子（姚关田提供拍摄）

“黄龙玉”具有显著的脆性，而非纤交结构所特有的韧性。敲击时声音略显沉闷，而非清越。它的摩氏硬度为6.5～7，断口呈玻璃幼弱的参差状。有些含铁还比较高。硅含量高的，其外观犹如玻璃。过去行业内称其为黄口料或黄蜡石。

十五、其他玉石种类

1. 台湾新发现的玉石

有雪花玉，紫玉，龙凤璧玉，血丝璧玉，棕玉，蓝、白玉髓等近 20 种。

2. 新疆戈壁硅化木

植物经地壳下陷、海水涌进而被深埋地下，至新生代地壳上升，经风化作用，暴露在了地表，大部分是银杏、梧桐、苏铁、真蕨等古乔木遗骸。俗称“风棱石”。

石英岩矿物

黑色为天然玻璃，粉红色为玛瑙玉髓，黄色为新疆黄口料。

3. 贵州玉

表皮粗细各异，颜色一般以黄、棕、红色居多，也有白、绿、黝黑色的。有亮洁光泽或褶皱。是一种由化学或生物化学作用形成的氧化硅石。含有少量多种金属元素。有晶体的，也有钙质的、硅质的。常见的称呼按色彩区分有：七彩玉、牛角玉、板栗玉、金墨玉、绿波玉、朱砂玉、紫袍玉等。

4. 岭南蜡石

主要成分为二氧化硅结晶体，具有黄、红、黑、白、绿、紫等色泽。石质有冰蜡、胶蜡、水冲蜡、晶蜡之分。

木化石（沈银根收藏）

美国加州红玉

5. 北京金海石

石英岩矿物经火山岩浆中含铁矿液浸染，风化剥落后经水质磨砺成卵形。颜色有褐黄色、暗红色、紫色、黑色互相参差，纹理清晰，石质细腻。

6. 漳州龙璧玉石

属含钙的硅质角岩，结构致密、细腻，硬度较高达6.5 ~ 7.5。组成成分很复杂，除长石外，还有透闪石、阳起石、辉石类等物质。由单一或多种颜色组成，花纹五彩相间，貌如碧玉。产于福建漳州九龙江畔青山而得名。

7. 葡萄玉髓

在贺兰山及周边地区先后发现有黄河石、大漠石、戈壁石、风棱石、羊肝石、姜结石、贺兰石……葡萄玉髓等，大都具有七彩复合色调，由致密细腻的石英成分组成。

石英质黄色玉髓

8. 天津蓟县迭层石

属古老的多细胞藻类化石，具有自然生成的各种图案。

何为三友有也兰竹有品松柏有节
红梅芳信竹简自直自照错综青松也劲绿叶长欣

第三章

玉雕工艺

一、玉雕摆件的类别及特色

二、玉雕摆件的施艺原则

三、玉雕巧色

四、玉雕制作工序简介

五、现代玉雕风格

玉雕作品的可爱之处，在于创作者所寄托的情感，借助“玉”这一宇宙中既普遍又特殊的天然物质，通过雕琢使自然的力量注入美好祝愿、美学内涵、美化功能，来表达人类对生活质量的追求及人与自然的和谐统一。

孟子提倡：“充实谓美，充实而有光辉谓之大。”美是有能量的。美是大的基础，大是美的发展。玉雕作品的美感，源于雕琢者的修养、阅历、天赋与创意。对自然石的驾驭，既要体现“去芜存真、掩暇显瑜”的本领，又要兼顾中国玉雕题材传统内容的特质。心借物以表现情趣，这是一种人化的自然。作品强烈的感染力体现的是大美之心。

创造美的过程很累。因为它需用形象来思考，如果脱离了形象，就不可能产生艺术的魅力。艺术，既是同人的心灵最贴近的领域，也是最难出彩的领域。艺术的目的是引起欣赏者的共鸣，由视觉力量转化为思维活动。艺术不是客观生活的反映，而是情感主观的创造。只有当你的内心对一切事物有所感悟，对自然的伟大心存敬畏之情、感恩之心，艺术才具有认识的功能，又不失审美的特征。这是一种观照，一种视线，一种修炼，一种极致。吐纳英华，莫非情性。

玉雕作品的风格，可以是恬静飘逸、清润锦绣，也可以是古朴大方、苍劲浑厚。玉雕作品的主题包括一切形式的时态空间，乃至最简单的线条与数的和谐。玉雕作品的创作，不仅要求始作俑者有精湛的琢玉技艺，还要具备对事物的敏锐洞察力。要定向思维，更要有逆向思维。思维方式才是决定玉雕作品收获精品、绝品的关键所在。

玉雕艺术家不仅仅指一种特殊的职业，而是追求逾越社会经济价值之外的一种生活宗旨。玉雕技艺不再是熟练地运用画笔和金刚石电动工具，去苟同于雕琢模式、规范的匠作，而是享有某种与自然力量相抗争的默契与甘甜。在搏击和塑造自我内心世界的同时，玉石的无声之有韵，便与我们的艺术修养一起丰润精彩了起来。

生活的自然法则指导着我们去探索，去思考，去创新。只有不断地追逐艺术的创造与再创造，循流而作，同其风，骋其势，玉雕作品的光辉品质才能在互动中尽显风采。全国的玉雕工作者也正在通过不同的学习途径，投入大量的时间和精力，潜心书法、绘画及诗文，美学、艺理、哲学等领域，全方位提升自己的艺术修养，别开创新一面，自写胸中妙趣。景生象外，秀气成采，不为无益之事，何以有涯之生！

一、玉雕摆件的类别及特色

1．人物玉雕

玉器人物形象的雕刻，简称“人件”。其雕工主要体现在人物形象的塑造，面部的“开相”和题材立意上的民间“口采”文化。它经历了由古朴浑厚到刻意写真乃至群体造型的演变。即有单一的棒头人物（无陪衬）到人物的相关组合。早期人物以玉翁仲、玉舞人、童子、佛像，以及民间传说和神话故事中的各类主人公为主要刻划对象。目前已发展成以佛像、仕女、童子、时尚风情人物、历代伟人、重大历史事件的群体人物等。

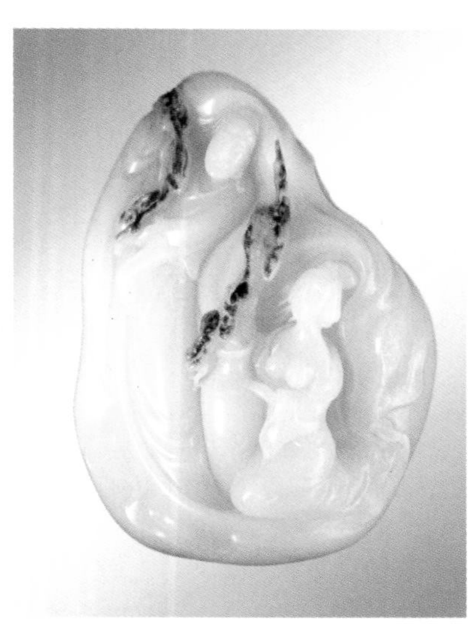

羊脂白玉摆件：宿香亭张浩遇莺莺（翟倚卫作品）

当年崔氏赖张生，今日张生仗李莺；
同是千古风流话，西厢不及宿香亭。

在人物的造型方面，“丈山尺树，寸马分人”，要把握人与环境的分寸，以及自身的结构比例。老一辈的玉雕艺人，把人体头部和身高比例定位在“行七坐五盘三半”。站立时人体头部占总高度的七分之一；而琢磨仕女时，适当放长身段的比例，大约是1 ∶ 8；而雕童子时头部应占到总体的三分之一。佛像脸部的雕琢行业内称为“开相”、“开面相”。佛像的面相一般要塑成地角饱满、鼻正口方、两耳垂肩、端庄含笑，而笑态又各不相同。弥勒佛是无忧无虑的敞怀大笑，和合二仙是心领神会的笑，福、禄、寿三星是心满意足的笑。神在两目，情在笑容。仕女的题材又以民间故事中的戏曲人物为蓝本，如“黛玉葬花”、“天女散花”、“嫦娥奔月”、“白娘子盗仙草”、“孙悟空三打白骨精”、“七仙女下凡”等。仕女的面相在唐时一般塑成“鹅蛋脸”，到明清时又塑成“瓜子脸”。在衣着方面则要突出时代特征、女性特色，强调衣襟飘带的凌空飞舞，来增强人物动势和协调平衡。而童子的题材又可分为五个大类：飞天童子、攀枝童子、行走童子、执荷童子和舞蹈童子。

红水晶摆件：关公

三国蜀将关羽，字云长，俗称关公。自北宋、徽宗武安王始至光绪五年，关羽的封号已长达26字。元文忠遣使祀其庙，与崇祀孔子的文庙比肩遂并称为文武二圣。关公以其忠义耿直、威武善战，被民间奉之为神通广大的保护神、军神、福神。是儒、释、道三教合一共同信仰颇具多元化的唯一神明。作品选材严谨，色泽纯正。形象塑造大义凛然，一身正气。大块红水晶来之不易，此件雕工堪称一流。

和田白玉子冈牌：福从天降

这是玉雕传统施艺手法的精美之作。无意肖影，以线表情，以情带意，通过扭转、压缩、变形、夸张来体现视觉效果的变异之古雅稚拙。享受着美的同时也享受着对于生命的祝福。

和田白玉挂件：弥陀（《云海阁》宋云海提供拍摄）

鲜红的皮张较为完美，内里肉质稍显缺口气，但玩的就是红皮感觉。

青海白玉摆件：满载而归（姚关田提供拍摄）

依竿适自憩，脚下履竹篓；
老翁有食鱼，归来待沽酒。

在突破单一棒头人物直立形象的基础上，目前一般都用各种道具和隐喻物品来作陪衬，起到画龙点睛和巧色俏作的目的。像佛家八宝：法螺、法轮、宝伞、宝扇、宝瓶、双鱼、盘长、莲花，俗称上八仙。仙家八宝：葫芦、宝剑、扇子、横笛、阴阳板、花篮、渔鼓、荷花，俗称暗八仙。还有杂家八宝：犀角、火焰、珊瑚、元宝、灵芝、祥云、宝鼎、蕉叶。又如：文神骑金钱龙、武神坐斑纹虎、文殊骑狮子、普贤骑白象，已成为惯例。人件的意境、形态、神情，人物与人物，人物与道具的互相呼应，与题材的紧贴吻合，都在于充分体现人物的形体美、动态美、内在美和寓意美。

绘出影像的是画，透出神韵的是诗，通过雕琢巧夺天工、点石成金，是玉雕造型艺术的神来之笔。以景结情、旁逸斜出，将独创风格扩展为艺术流派，才能真实表达作品的核心诉求，提升作品的多元品位。当前玉雕人件作品的创新与突破方面存在着较大的盲区，既缺乏“古意”又缺少“新意”。打造人物玉雕是玉器雕琢中最具挑战性的领域，也是最难出彩的巅峰圣地，这是历代玉器中“人件”传世作品寥若晨星的客观因素之一。

翡翠摆件：精打细算（高 30 厘米，宽 38 厘米）

精心构思，依势造型。翡翠玉质细腻滋润，紫翡满布，故允许被精雕细琢。镂雕、立体雕、透雕、深浮雕……尽性施艺。童子形象生动活泼、妙趣横生。如意、铜板、花生、葫芦、元宝、飞龙……主画面是一只大大的算盘，横空出世。为题材起个叫得响的口采名称，颇费了笔者一番心思。

翡翠摆件：福禄寿喜童子

利用原料故有色泽层层镂雕，使之玲珑剔透，满目异彩。大自然的神奇结晶，通过匠心独运的设计，倍显神韵。人性与美感，惟天惟乔，肝胆相照。

红楼梦人物群像（得奖作品，时培成设计制作）

2. 花卉玉雕

花卉的造型包括花枝、花叶、花瓣、花蕊的逐一镂雕。其题材囊括了四季草、长青藤、祥禾嘉谷、瑞木仙果。经组合搭配形成系列口采题材，如：梅、兰、竹、菊“四君子”；玉兰、海棠、牡丹“玉棠富贵”；或“五谷丰登”、“灵仙祝寿”、“春满人间”等，图必有意，意必吉祥，无所不容、无处不含。花卉题材是玉牌和挂件、握件、摆件等各种玉器形制上使用最为广泛的常规内容。尤其是隐逸在文锦中的象征信息，为人们所熟知和认可。如缠枝纹以藤蔓卷草连绵成装饰图案，向上下左右延伸，形成委婉多姿的波线，寓意生生不息、万代绵长。又如“梅花开五福，竹声报三多”，梅之五瓣寓意福、禄、寿、喜、财，象征快乐、幸运、长寿、顺利、和平。竹节纹代表了刚直不阿、不惧严寒、四季常青。忍冬纹，俗称“金银花”，花长瓣重，黄白相伴，凌冬不调，故有忍冬之称。取其吉祥、益寿的涵义。莲为花中君子；海棠为花内神仙。国色天香乃牡丹之富贵；冰肌玉骨乃梅萼之清奇。兰为王者之香，菊同隐逸之士。竹称君子，松号大夫……

集花卉之大成，雕琢难度最高，最见功力。用得最普遍的是“四季瓶”，也称为“天然瓶”。即在炉瓶外面运用玉色雕琢各种花卉，突出花骨的枝繁叶茂、花团锦簇、错落有致、栩栩如生。国家级的翡翠大件：《含香聚瑞》花熏和《群芳揽胜》花蓝是花卉类玉雕作品的工艺集大成者。

青花仔摆件：山花烂漫（《玉阶堂》李峤提供照片）

白玉荷花洗

和田白玉料细洁润色白，器形外观格调庄重，发古之巧。是一件较有收藏价值的古器。

翡翠摆件：大白菜（扬州玉雕厂制作）

白底青翡翠材料，把“一清二白”的主题发挥得恰到好处。细节处和“虫”的表现颇具张力。白菜的通俗寓意为“发财”。

和田白玉仔料：四君子（梅、兰、竹、菊）

日本学者岩山三郎说：“西方人看重美，中国人看重品。西方人喜欢玫瑰，因为它看起来美。中国人喜欢兰、竹，并不是因为它看起来美，而是因为它们有品。它们是人格的象征，是某种精神的表现。这种看重品的美学思想是中国精神价值的表现，这样的精神是高贵的。”我认为中国文化的特征是明显地表现在或者可以称为深义的文化上，这就是它的伦理色彩……（摘自季羡林《中国文化的内涵》）

日高花影重，紫气托彩虹；
徜徉云水间，长袖舞东风。

翡翠质地晶莹亮丽，紫翠、莹绿、黄妃、纯白……五彩缤纷。花蕾高耸，轻盈玲珑，茎蔓重重，暗香浮动。唯一不足之处，在整体重心的把握上稍显“豁边”，如将根基处再转个角度，可能视觉上的稳定性更好一些。

翡翠摆件：含苞欲放

幼秋报晚香，举蕊迎朝阳；
玉润金声彻，朔风振余响。

高枝招展，秀出一片“兰花指”，轻舞飞扬，凌空跋涉真功夫。作品形神兼备，无懈可击。(《正和玉堂》沈银根提供拍摄)

翡翠摆件：花中仙子

3．鸟兽玉雕

兽件工艺偏重于写真写实，故要求生动活泼，呼之欲出。真实是艺术的真实，不是为真实而真实，不是科学的真实。形似与神似的问题，归根结底也产生与把人们心目中的“意”如何外化，如何形象化的问题。真实就是要表达出内在的气质韵味。“意”的内涵颇为复杂,它包括思维和想象、情绪和感知，以及个人审美倾向。这是一种韵外之致，味外之旨。它同美感互相沟通、渗透。欣赏的对象和趣味便随着感情的移入而产生效应。触物皆有会心处，花堪解语、石能醒酒。鸟语虫声，总是传心之诀，花英草色，无非见道之文。

早期玉雕兽件的传统题材以龙、螭、虎、豹、龟、鳖、蟾、麒麟、白熊、避邪、怪兽等为主。目前大量运用的动物形象有十二生肖及狮子、大象、梅花鹿、虾、蟹、鱼、虫等常见生物。十二生肖在题材中均可找到相应的民间故事，如老鼠嫁女、牛女天河、藏龙卧虎、月宫玉兔、画龙点睛、白蛇盗草、伯乐相马、苏武牧羊、神猴借扇等。现代题材中八骏图、龙腾虎跃、马上封侯、舔犊情深已相当普及。而挂件当中金蟾、鲶鱼、貔貅等最受消费者青睐。

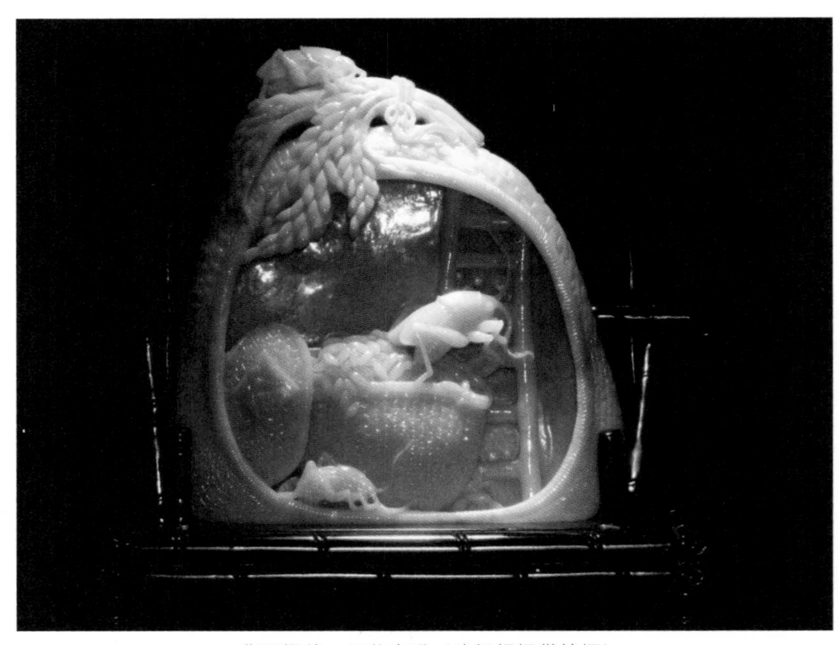

翡翠摆件：五谷丰登（沈银根提供拍摄）

无论是色泽的安排、场景的调度，还是道具的设置，都让人看了舒心、养眼，耐人寻味。

青玉螭虎吊牌

线意的达观，在刀法上显见功力，线不在多，有神则灵。

翡翠挂件：五毒

鸟件工艺讲究结构匀称合理，头、颈、嘴、眼、腿、爪、羽毛等应严格按照动态意境来表现。传统题材有天鸡、凤凰、鸳鸯、鸭子、飞鸟、孔雀、仙鹤。目前发展有鹰、雁、鸽、鹦、燕等新的品种。鸟雀类形体小，要做到造型准确，形态生动传神，其口诀是“张嘴、悬舌、透爪”。而且要体现出“细雨鱼儿出，微风燕子斜”、“雨过枝头云气湿，风来花底鸟声香”那种轻盈灵动的韵律，以及营造出一种山水空明、抱叶身轻的艺术美感。上海珠宝玉器厂曾申请过“宝玉金雕件”的专利，这是种用宝玉石和18K金相结合的鸟件产品。

墨翠摆件：北极熊（戴政其提供拍摄）

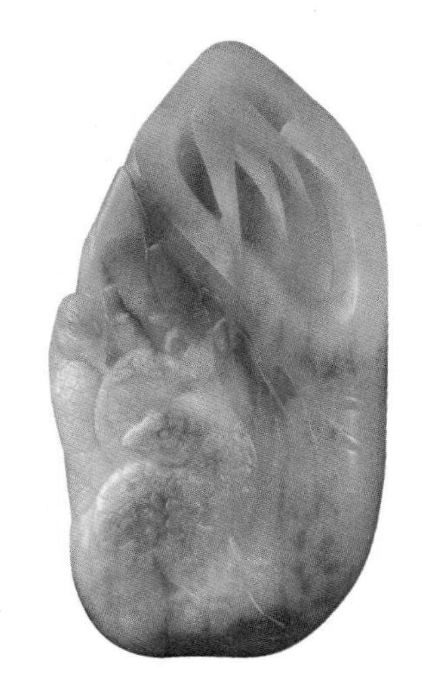

和田白玉（金包玉）摆件：鹰隼

和田白玉子冈牌：三阳开泰

《周礼·泰誓》孔疏曰："泰者，大之极也。"《易经》泰卦为三个阳爻相重叠，谓之"太阳再重"为乾，相对应的三个阴爻为坤，是地、天、泰。这里的天和地是指阴气和阳气，又是内和外的关系。阳气上升启泰，是谓"三阳开泰"。羊和阳谐音，于是有了如斯口采题材。

白玉挂件：鱼龙变幻

该鱼形玉雕系和田白玉仔料经精心设计制作而成，其造型强调生态写实，阔体扁身，以卷曲鼻冲和夸张的下颚来突出鱼龙变化的含义。鼓目圆睁，尾部呈灵芝状，鱼身以双勾连云纹替代鱼鳞叠层，腹、鳍以阳刻起阴线圆雕手法，规则排成一组平衡索纹，浑厚稳重。背鳍代之以装饰性棱线。这些刻纹和轮廓线有机地融合在一起，以表达生命跃动的收放自如之气韵和活力，形成和谐完美的艺术风格。

白水晶摆件：鲲鹏展翅（沈德盛作品）

4. 炉瓶玉雕

海派炉瓶工艺特色为：选料洁净清澈、造型稳重典雅、纹饰朴素清新，雕琢玲珑剔透。炉瓶早期制作造型基本上以仿西周青铜器为主，题材面比较窄。目前的炉瓶造型有香炉、塔炉、方炉、熏炉、亭子炉、三脚炉。炉的吞头、圆脚、香草纹饰及结构比例都有严格的规矩，尤其是炉的平面纹饰有着丰富多彩的内涵。应在原有仿古的基础上取其精华，力求创新。既注重古朴大方、典雅稳重，又新颖奇特，合乎情理。瓶一类的玉雕题材比塔的内容还要多一些。外观造型有天球瓶、葫芦瓶、天然瓶、百�瓶、双管瓶、鸟兽瓶、链条瓶、子母瓶、仿古瓶……瓶体的陪衬物可以是人物、走兽、花卉、飞禽、宝物，大多为综合性的口彩题材。瓶的制作难度在于掏膛子和瓶盖的止口。外型要求对称均衡、稳重，材料不能有隙棉裂绺，巧色要用在夺人眼球之处，违而不犯、和而不同、相济成章、自成一貌。上海的炉瓶工艺在国内久享胜誉，品种已增至230多种。尤其是三脚炉、四季瓶，屡屡在全国玉雕产品评比中赢得大奖。

翡翠《菊花链条瓶》(上海玉石雕刻厂制作，大瓶高22厘米，宽10.5厘米，厚7.5厘米)

珊瑚《四季瓶》（上海珠宝玉器厂制作，高19.5厘米，宽8厘米）

和田白玉《塔炉》（苏州玉器厂制作）

白玉三脚炉（陈明根提供拍摄）

白玉提梁壶（《玉阶堂》李峤提供照片）

翡翠（旧作）：九龙五环炉（蚌埠南山古玩市场《云海阁》宋云海提供拍摄）

加拿大碧玉《亭子炉》(河南镇平制作)

白玉瓶

凌空处颇见胆识，打磨也有一定难度。瓶体外形秀美，规范得体。

俄罗斯碧玉：双耳瓶（《玉阶堂》李峤提供照片）

翡翠《链条瓶》（上海玉石雕刻厂制作）

5．山水玉雕

山水的雕琢可以不固定在一个视角，也不一定要采取透视法。应该理解为远看近视、左顾右盼总相宜的观赏效果。它不必刻意遵循光线明暗、阴影色彩的复杂多变之类，而是特别强调重视具有稳定性的整体境况。要表达的是“山从人面起，云傍马头生”、“远望不离坐骑，近视如千里之遥”。凝神于景，心入于境，才会给人以情绪感染，达到赏心悦目的视觉享受。

上海玉石雕刻厂 1962 年竣工的《把红旗插上珠穆朗玛峰》作品高 1.37 米，宽 1 米，重 2.5 吨。1972 年周恩来总理陪同美国总统尼克松前往参观时曾指示：“此是国宝，好好传存。”1979 年青玉山子雕《万水千山》雕琢成功，作品高 2.6 米，宽 1.4 米，重达 7.3 吨。耗时三年多，有几十名员工参与制作，是国内目前最高最重的巨型玉雕山水大件。1989 年北京玉器厂雕琢的《岱岳泰山》重 363.8 千克，高 78 厘米，宽 83 厘米。

构图设计时保留有大面积高翠，充分展示玉料的材质美。料上原有一条“恶绺”，通过精心设计后，凿成泰山十八盘，构成中天门到南天门的全景。玉上一块翡红的色斑，幻化成满天朝霞中的一轮红日。作品以简炼概括的手法，表现了泰山的雄伟壮观和日出东方的绚丽景色。正面山岳挺拔，阳光普照，山峦叠翠。天街和五岳顶历历在目，仰视吐曜、俯察含章。并点缀有各种人物、仙鹤、羚羊和麋鹿等众生相，寓意攀登吉祥。背面利用原料固有的油青基色，塑造山峦树木的灰暗昏黄景象，材料的正反面两种颜色差异，被巧妙地演化成“造化种神秀，阴阳割昏晓”的特定意境。整件作品随形就势，依山造神，构图严谨，制作精细，达到了登峰造极的地步。

玉山子雕（正面）

玉山子雕（背面）

溪流苔林，缩胜地脉；
洞中春早，和露玉草。

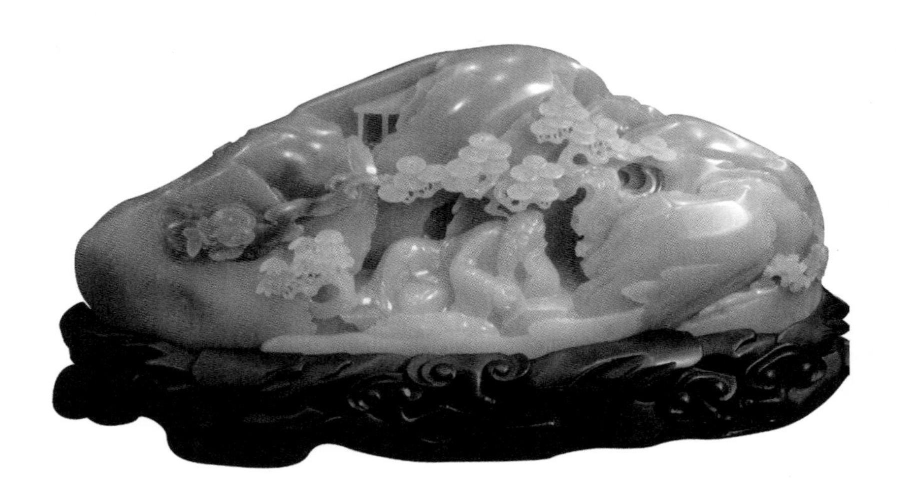

和田青玉山子雕：太白醉酒（翟倚卫作品）

青海白玉山子雕

青玉摆件：把红旗插上珠穆朗玛峰（上海玉石雕刻厂制作）

大型山子雕

韩国白玉山子雕

翡翠山子雕：山野情趣（高 25 厘米，宽 26 厘米，厚 12 厘米。李俊平提供拍摄）

二、玉雕摆件的施艺原则

1．因料制宜

每块玉材都有独到的天然情趣，在动手之前，首先要详细察看玉料的质地，颜色形态、纹理结构，以及有无“绺”、“棉”、“沙”、“性”、“空”等缺陷。以便适形造型，去脏掩疵。其次，再反复推敲俏色的体积方位与深浅程度，以便顺色取材，因料制宜。玉器的艺术造型是视觉享受的焦点。是稳定的方形、三角形，还是富于透视感的倾斜体，以及最容易识别和获得动势的 C 型、S 型、阴阳线、太极线。长短线条的横与竖、点、线、面的迂回穿插，大面积的留白、布阴，不管以何种设计元素表现，目的在于充分利用原料的外型，通过“引线”的艺术化处理把功夫做足，把毛病剔除，达到无暇可击的理想效果。

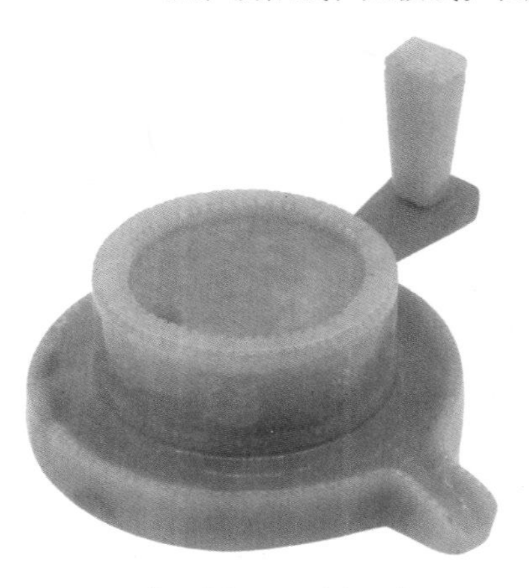

翡翠小摆设：时来运转

利用边角小料，因料制宜，题材新颖，玩个惊喜。

玉雕行业中有着大家耳详能熟的口诀，如“宁圆不方”、“方必带圆、直必弓”、“薄如蝉叶细如丝”，这些都是在因料制宜基础上的基本构图技艺。好的玉雕作品应当是：在手疑无物，定睛知有形；远看气势，近看内容。因料制宜的原则，在具体创作中，有时还必须打破常规的定向思维方式，反其道而行之，造就异峰突起的神来之笔。

翡翠摆件：公平秤（《正和玉堂》沈银根收藏）

生命如秤，计其斤两广长；
公平为重，分茧称丝效功。

资源罕见，创意无限。盘陀杆钮，各得其所，各司其职，夺人眼球。制作时难在整块几十千克重的优质翡翠原料内只能取出两根秤杆料来，秤杆又要雕琢出细长退拔造型，只准成功，不能失败，颇费一番周折和心思。

其实神韵无处不在，有于实际处见神韵者，亦有于虚处见神韵者，有于高古浑朴见神韵者，亦有于情趣见神韵者。大礼不辞小让，细节决定成败。故曰："景者情之景，情者景之情。"（清·王夫子）景中生情，情中含景。所有的艺术作品都是在这种情景交融状态下创造出来的，成功的艺术作品不存在无情之景。天然石材便是景，琢刻万物皆为情。琢刻的目的就在于唤起人们的情感，并传达情感，这是艺术的主要特征。意境不是挖空心思想出来的，是要各视其所，怀来于景，不泥迹象，不就规范。通体透明，一览无余，并不足以构成艺术的胜境。若能大处结密，小处宽绰，质有余者，哪怕不着一枝，以脉理为纹，皆可势以会奇。

翡翠挂件：一鸣惊人

色泽艳丽，雕工怪异，因材施艺，因料制宜。

白玉小件：玉蜀黍

件头虽小了点，但色泽利用恰到好处，构思做工还是蛮到位的。

2. 因材施艺

玉雕摆件一般选用致密块状结构的软玉材料为主，琢磨中必须时刻注意玉料内部变化情况，避免人为因素造成的损伤、致残。玉雕艺人应具有一定的应变能力，因为原料在剖视后发生突变，是经常出现的情况，这就有一个因材施艺的创作原则问题。

因材施艺还包括对玉色的充分理解和正确运用。如湖绿、淡紫、洁白、

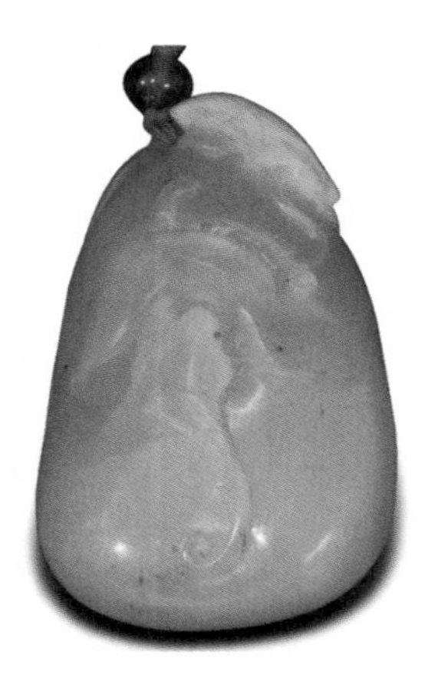

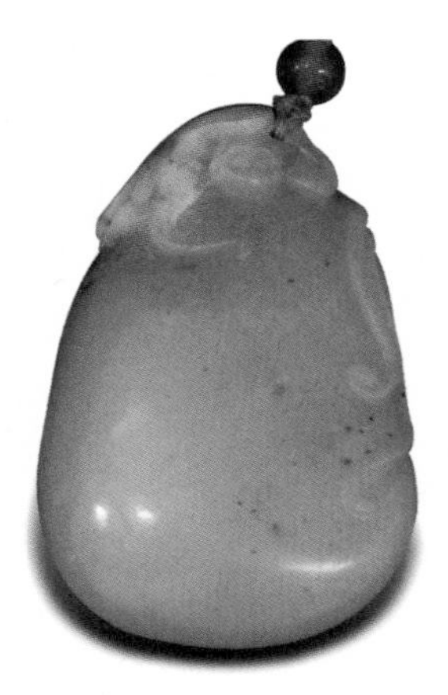

青花仔握件：一夜（叶）封侯（猴）（金蔚文收藏）

新疆和田白玉仔料，重55克，长5.5厘米，宽3.5厘米，厚1.8厘米。整体造型保留了原生态轮廓线，题材有较大的可读性、观赏性。难得一见的是柠檬黄天然色彩在青花地张上同生共长，润泽细腻，融为一体。其间点状散布的黑色内含物为新疆和田白玉材质特征之一。唯一遗憾的是玉料的白度缺口气，略显偏灰。总体色调上青花能往羊脂白呈色靠拢的话，更具收藏价值。

全皮白玉仔料挂件：别有洞天

远看近视难识真，真人在已莫问邻；
邻猴隐身欲成仙，仙人拄杖长乐行。
在厚厚的玉皮下，闪现点点玉质精华。方寸虽小，别有洞天，古意胜拙，神韵犹在。

微红这类淡雅的素色调，可考虑表现仕女、佛像、吊牌、挂片之类的题材，以突出材质的清纯、无瑕、精细、和谐。反之，有些原料浓绿含烟、五环带彩、色调深沉凝重，可设计一些反映阳刚之美、壮烈之情的题材。对材料固有色彩的应用是玉雕从艺人员应予充分强调的主题之一。色彩所具有的温度感、重量感、安全感，以及个性化、象征性，都在召唤我们去周密慎视，产生关联，通过艺术对象把它表现得更为丰富一些。浓处味常短，淡中趣独真，待到心融神洽时，独立云生处。

另外，像玛瑙、孔雀石、绿松、木纹石等玉料，因其具有独特的纹理美、色泽美。更是因材施艺、巧夺天工的不竭源泉。对色形、色调、色度、色彩进行合理安排，均可产生神来之笔。我们对于“皮色”的去留，以及“俏色”的运用上确需慎之又慎，毕竟玉雕工艺是人为凿刻，是在做“减法”。天然材质的沧桑感、岁月感，是无法用人工来弥补的。

白玉摆件：富甲一方

石性较重，玉质干燥，呈蜡状光泽。故雕琢时将叶片塑造得厚实夸张，避免了韧性不够的缺陷。

3．强予不夺

玉质在自然形成过程中，一玉一世界，一石一宇宙，富有天籁之神韵。像白玉仔料，光洁圆润、细腻坚韧，是千百年来河流冲刷、滚动摩擦所致，是人为打磨抛光所可望不可及的。我们在加工中无需破形雕琢，而在不足之处或根据指定的设计方案、寥寥数笔勾勒出应表现的主题，或在细微处加以精心刻划，便可达到以少胜多、事半功倍的效果。此类琢磨称之为"薄意刻"、"浅浮雕"。

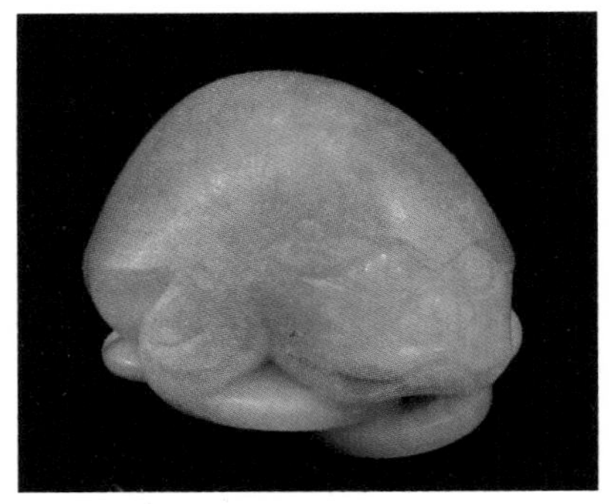

和田白玉仔料握件：金蟾

金蟾的蕉黄皮色人见人爱，但玉质石性较重，有点僵。雕琢者仅在底部琢出铜板和三只脚，扬长避短，保留了全皮状态，金蟾的双眼塑造得极为有神。"人物看表情，动物看眼睛"，拙中见趣，不师古而合于古，跌宕宥古，脱尽凡蹊。

有的玉料外皮经日久风化，带有岁月沧桑之趣，不予雕琢胜似雕琢，形成一种"超越形似，达到神似"的高度艺术境界，故应相其形，观其神，依山而行，强予不夺，让大自然的神奇美妙之处，在我们雕琢时保留下来，让没有生命的顽石在我们二度创作中变成有灵性、有情感、会说话的稀世珍宝。好的宝玉石原料，我们甚至宁可不去雕琢，等时机成熟时再行设计。

笔者在蚌埠古玩城"诚信阁"向业主何成金女士征集实物提供拍摄时，其兴致勃勃，喜形于色地阐述道："……观音大都为坐姿和站立式的构图设计，我不这样认为，我把观音塑成侧面半身像，尽量能体现女性柔美亲和的一面。你看，一位亭亭玉立的少女，把它佩在细长脖颈衣领底下的胸口处，若隐若现，玉质的白润，衬托在白皙的皮肤之上，两者融为一体，真是要多美有多美……。"是啊，两个生命的个体，融入了物质和精神的元素，天籁之音，人文景观啊。笔者颇有同感。

羊脂白玉挂件：观音

对美的理解，荀子强调说："性无伪则不能自美。"庄子则强调："天地有大美而不言。"前者偏颇艺术的人工制作和外在功利，后者突出的是自然，即美与艺术的独立。意有所随，不可言传，言有尽而意无穷。中国文化的伦理色彩及注重品的美学思想，体现在艺术上的是写意、含蓄、淡定、温文尔雅，由矫饰到纯朴，由刻意进入简疏，用常易，用奇难，用常得奇，此境良非易得。

羊脂白玉挂件：双宝图

两种色泽被视为相对独立的两个个体：童子与元宝。功能由理性被放大认识，美感则凭直觉而有所感悟。享受着美的同时，挂件的寓意直达人生两大旨趣。

4．良玉不琢

"臣闻良玉不琢，资质润美，不待刻琢。"（《汉书·董仲舒传》）对于一些好料，如过于雕琢，看似做工道地，实际上会使其失去本色。"素身"玉件，有时比"花件"更弥足珍贵。

所谓良玉不琢，最典型的实例是四件翡翠国宝之一的《四海腾欢》。原料重 77.8 千克，是块厚 7.8 厘米的云彩片料，被剖成了四片厚 1.8 厘米，高 74 厘米，总宽度为 146.4 厘米的一堂插屏，纹理相衔，浑然一体。其正面九龙造型或昂首、或卷曲、或升腾、或隐潜，云随绞龙而动，水似破镜欲出。九条翠绿的巨龙在茫茫云海中恣意翻滚，劈波斩浪，气势磅礴，望腾云而感神龙之威。主面如此丰富，其背面雕什么好呢？有的说刻上制作经过的铭文，有的说刻首诗，有的说刻上对它的评价。结果什么也没刻，因为原料本身的云彩绿地张，茫茫沧海，天水一色，自然洒脱；云霞雕色，自见精彩。神品重于工品，形似不如神似，则无须画蛇添足。

墨晶标样：神舟飞船

笔者购入此墨晶晶体时，适逢我国“神舟七号”宇宙飞船上天之际。天然晶体就像飞船，“飞船”上部附着两个小晶体，犹如捆绑在一起的三级火箭，周边白色的围岩似烟雾，如白云……遂请木工配上底座，做成波纹状沙丘造型，更吻合发射物所在地域环境。神工不如天工便有了一件完整的观赏标样。（晶体高度在35厘米）。

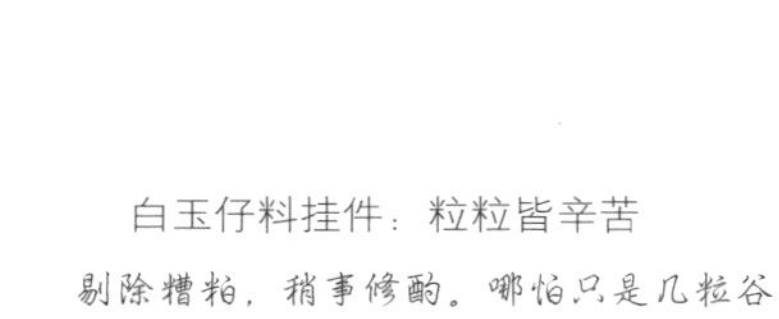

白玉仔料挂件：粒粒皆辛苦

剔除糟粕，稍事修酌。哪怕只是几粒谷子，也足以表现质量、光感、情绪、意境。

翡翠串饰：五彩缤纷

晶莹的翡翠原石仔料，仅作打磨、抛光、打孔、编制，即成为一件精美的饰品。

羊脂白玉随形仔：手珠

三、玉雕巧色

巧色也叫俏色。俏：在玉雕中专指除了地张之外，最漂亮的玉质色泽和与地张不同的各种七彩皮色经挽留制作的工艺美誉。玉石的各种天然色彩和纹理特征，在玉雕工艺中占有极其重要的地位。玉色的天然自成，本在情理之中，而俏色的应用则在意料之外，能起到峰回路转的效果。

隐以复意为功，秀以卓绝为巧。巧色包括点状巧色、线状巧色、面状巧色、人物巧色、动物巧色、植物巧色、器物巧色。对玉雕工艺来说，巧色不但要用得巧，还要用得绝。“览察草木其犹未得兮，岂珵美之能当。”(《离骚》)以小见大，知微见著，通过独创的“着色”，配合传神的形象。在有限的形象中拓延深远的意境，使作品明朗生动，意显情足。这就要求制作者对事物有敏锐的洞察力，同时要求有精湛的技艺以及高深的美学造诣和审美情趣，幽默感。试举几个实例：

翡翠摆件：天道酬勤（"正和玉堂" 沈银根提供拍摄，作品获 "玉龙奖"）

1. 点状巧色

翡翠摆件《天道酬勤》，这些点状的巧色，被充分利用在相应之处，可谓匠心独运，水到渠成。

白玉双管瓶（上海玉石雕刻厂设计制作）

2．线状巧色

翡翠挂件：金玉满堂

简称为“线俏”或“带子俏”。玛瑙摆件《枫桥夜泊》在这方面比较典型。那是一块红褐底色，金黄白色条带玛瑙石料，条带被塑成了枫桥、引桥栈道及卧云等主导场景。其他的客船、寒山寺、枫树、流水、云彩以及天边的玉兔等逐一迎刃而解。红褐色调的夜景，线状巧色所构勒的陪衬，与诗意十分吻合，这是制作者对诗歌要表达的意境的倾心描述。“神用象通，情变所孕，物以貌求，礼以心应。”（《文心雕龙·神思篇》）翡翠摆件《八仙过海》的线状巧色，有着独创的场景和传神的形象。是可谓秘响旁通，伏采潜发。

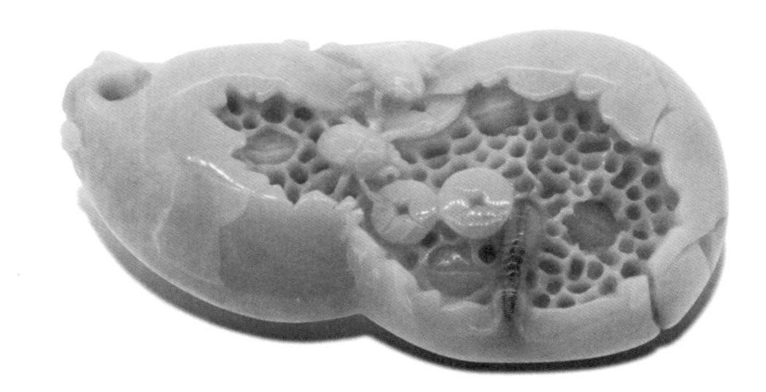

紫翡摆件：葫芦（《玉阶堂》李峤提供拍摄）

白玉摆件：如意珍宝（李俊平提供拍摄）

3．面状巧色

前几年上海玉石雕刻厂的中青年艺术家，曾经用一块面上有厚厚一层红翡玉皮的翡翠方料，雕琢成一块“红烧肉”。其红皮之下又带有黄翡和夹白的片状色泽。在红烧肉的上面还爬了一只蟑螂把肉皮咬去一角。有位厨师看到后交口称赞，说要是放到一大堆红烧肉当中还真分不出来。据说就凭巧色用得绝，卖了六万元钱。而河南省镇平县玉神工艺品有限公司用黑白双色独山玉雕琢的《妙算》亦可谓设计中的妙算。意所偶会便成佳境，物出天然才见真机。

独山玉摆件：妙算

真正的妙算在有意无意之间，摆件《妙算》一语双关。画面中“算命先生”之脸、手、水及烟斗的白色部分表情生动，手势到位，动态十足。“信不信由你，心诚则灵”。案桌上的道具、台布也利用了白色契入巧雕，但配制的布局，比例似乎有些失调，线条略显生硬。

翡翠小品：鸡爪

鸡爪（“爪”）

这是“爪”字，鸡爪的爪，“凤爪”的爪

此白玉挂件《岁寒三友》运用漆黑的皮张，琢刻成浅浮雕松梅图案，把竹子处于背景地位，避免了原料狭长的局促。使松的虬劲、梅的舒展有了空间与发挥的余地。右下角的灵芝精心设置，使整个画面更趋根基扎实，饱满平衡。原先背面也刻成了竹子的轮廓，但略显单调，且做工明显粗糙，毫无美感可言。嗣后笔者与雕琢者商量，能否推平把擅长的刻字技艺施于背后，遂撰成《岁寒三友赋》。

白玉挂件：岁寒三友

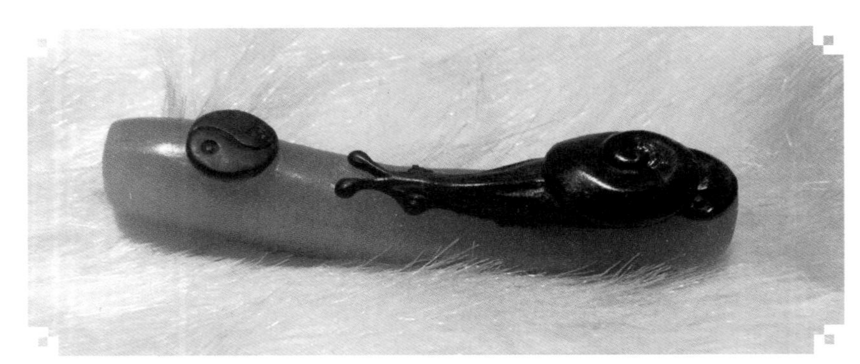

白玉吊坠：扭转乾坤（蚌埠南山古玩城《玉缘阁》汪朝国提供）

4．人物巧色

据资料记载，台北大东山有座玉观音雕象，她的脸部一半白一半绿。一般在玉雕界认为设计中这种现象是犯忌的，玉色不够均匀一致，而且在脸部，不能算上品。但是有独到见解的人却解释道：这是善恶分明的象征，刻意去找，都找不到这样的石材来表现此类主题。这座雕像便有了新意，她的价值由此得到了提升。又如，用红水晶制作的关公立像，与人物在民间传说中的“红脸”关公，结合的就比较好。玛瑙小摆件“牧童”孩子的脸色塑造得恰到好处。暮色中迟归的老牛，迎着西下的夕阳，牧童好奇地仰望着天边的彩霞，神情专注，如入无人之境。景取气氛、情寓细节，形式与神韵之间的微妙平衡表现得如此自然。

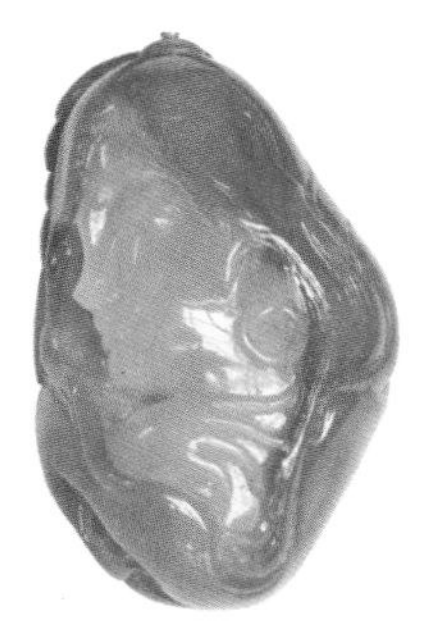

白玉挂件：美女

白玉挂件：鸿运当头

红玛瑙小摆件：暮牛奋蹄仍负重（张正建收藏）

5．动物巧色

动物巧色在于反映大自然中各种动物的天然色泽及其与相关陪衬物的色彩对比情趣。像虾、蟹、青蛙、蝈蝈、雏鸡、蜜蜂、蝴蝶、蝙蝠……把色彩融入设计中，把色彩用在相对应处，顺其自然，才能体现质感，引人入胜。人物看表情，动物看眼睛。湘浦秋波，能使全体生动。形象之动人，不贵于多，而在于精，一点传神，以小概大。动物的雕琢各种天然原石都可应用，问题是要做得恰如其分，恰到好处，无巧不生动。

白玉花仔料挂件：雁

羊脂白玉摆件：含芝绶鸟（翟倚卫作品）

白玉仔料挂件：代代封侯（李遵清收藏）

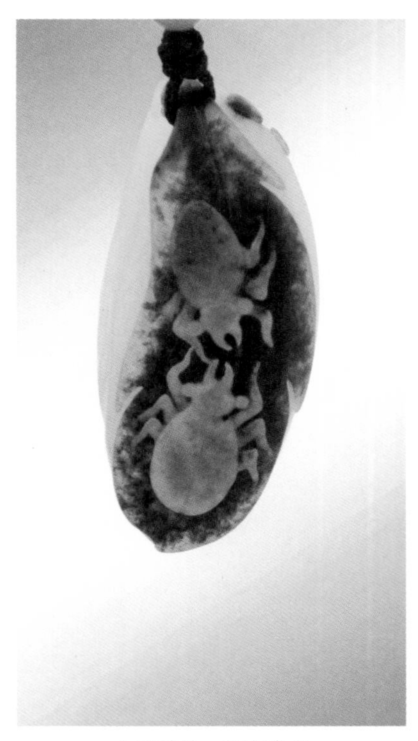

白玉挂件：好事成双

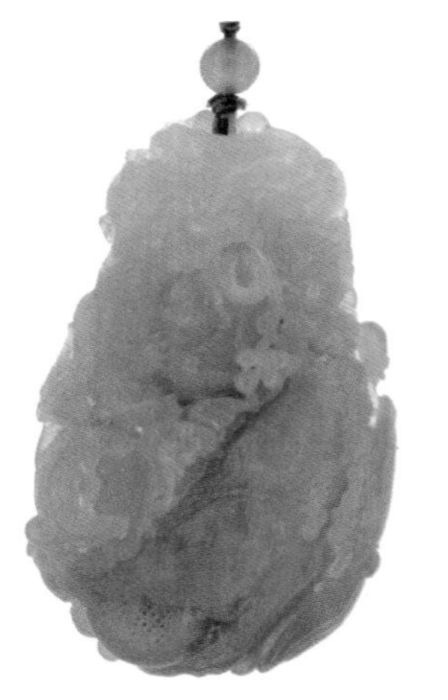

翡翠挂件：物竞天择（高：9.3 厘米，宽 6 厘米，厚 4.6 厘米。《正和玉堂》沈银根提供拍摄）

6．植物巧色

植物的花卉、茎叶，瓜果、蔬菜、树丛……自然界的色彩在玉雕作品中被石色发挥得淋漓尽致。白玉雕《世纪枫情》玉质细腻、白润，正反两面均有枣红皮色，两侧面分别有一深一浅两条裂纹，设计者因料造势，正面上方较白处雕出冰凌，右下方厚实的红皮雕成一片红枫，化解了冰川的寒意，一冷一暖、一静一动的对比，格局凝重而灵动，背面还紧贴着一张与正面大小相似但韵味绝然不同的红枫叶，素雅古朴，具有笑看世纪变迁，受千年冰封而不屈的神韵，题材与色彩的和谐统一，材质与人文的对话沟通，令惜玉者不得不刮目相看。同样，《白菜》题材，利用翡翠上的白色空间，雕琢成几只昆虫，使作品立刻生动出跳。

石有纹理山有脉，万点星尘聚霞山；
赤橙黄绿青蓝紫，云蒸蔼飞春满园。

山子雕摆件：多情的彩霞（蚌埠《白玉第一家》马其提供拍摄）

翡翠摆件：洞壶春来早

青山流水中，紫竹伴老翁；
洞壶春来早，和谐乐共融。

翡翠（链条）摆件：招财进宝（李俊平提供拍摄）

四、玉雕制作工序简介

1．开料及琢磨

行业中早期的开料是通过自制的木质框架，装上轴杆，利用脚踏手拉来驱动轴杆上的圆形铁片，并不断加入磨料来产生切削力。框架的平面上置一铁锅，里边盛满解玉砂浆水，将其连续涂于铁片表面。纤铊铁片厚度、大小则要根据所截材料来决定，也包括解玉砂的选用。铁片须经常取下来进行校正，俗称“敲片子”，解玉砂也要经常进行清洗、筛选、粗细分类，需有专人进行，因为金刚砂和泥浆沙石久而久之会沉淀结块，所以又称之为“敲砂”。好的料有时纯粹靠一根细钢丝蘸上解玉砂，像拉锯一样来回慢慢磨，有时还只能用极细的钢针一点一点地将脏的地方抠出来，绝对不能大刀阔斧的用截、斩、劈的办法。

直到 20 世纪 70 年代初，金刚石玉雕电镀工具才问世。这是一种以硬质合金为基体镀有钻粉层的新型磨具，供高速玉雕机配套使用，分压制和镶嵌两种类型。压制工具是用金刚石钻粉和粘接剂调和之后放入模具内定型，并和基体一起在压机下压实，再放入高频炉内烧结，通过表面电镀、修饰整理等多道工序制成产品。它也可以是全钻粉的。镶嵌式锯片，则是将钢体四周铣成齿型凹槽，然后把烧结好的金刚石齿条逐一镶入槽内，通过焊接固定在基体上。这种镶嵌式锯片的最大特点是金刚石齿条磨损脱落后可随时予以调换，除了常规规格尺寸外，亦可根据客户要求把外围直径制成特殊的规格，以应大料的开截。特大的锯片可放在轨道内自动进刀，

正在打磨中的白玉双狮摆件，摄于蚌埠延安小区内玉器行门前。

很方便。金刚石锯片的试制成功大大提高了宝玉石的切削速度和精度，也解决了刀缝损耗过大和铁片“卡壳”的难题，为电动玉雕机提高转速提供了可靠的保障。

金刚石玉雕工具品种大致上有以下几类：斩铊片——截外形出坯用；压铊——有斜口和平口之分，用于较大平面的粗线条勾勒并使其和顺；扎眼——外形是铁钉状，“钉头”用于花纹的拐角和底脚清理，使构图连接处不留过渡痕迹；勾铊——用于表面细微刻痕，俗称补阴沟；搭头——用于钻孔、打眼；杠棒——用于毛料表皮的磨削，圆棍状前端吃肉面大、力道足；桯钻——专攻“踏地”（凹陷洼面）；顶针——橄榄形磨头，用于较大较厚壁孔。将磨头装在轴杆上，插入高速玉雕机的轴套内夹紧，琢磨便可施行。若遇到难以下手之处，还可自行设计各种异型的特殊工具，用于各种点、线、面、内孔、内壁等特殊部位的镂琢，确保加工的质量。例如掏炉瓶的内壁，做活络连环套圆球等雕件。

玉雕机分卧式和软轴机两种，软轴机也叫“吊机”，用来加工大型玉件（俗称吊马达）。把磨头握在手中，材料置于工作台上，可同时容纳几个玉雕师在上面作业。所用吊马达和牙科医生用的磨具类同，可作任意方位的操作，较少受到设备场地的限制，家庭作坊应用比较方便。

2．抛光

抛光工艺是玉雕生产过程的后道工序，是对雕刻产品艺术表现力的二度精加工。它不仅仅是在原作上“依样画葫芦”，把它“锃锃亮”。而是一个“三分雕像、七分意像”的过程。通过细致精心的打磨抛光，把玉料的质感、纹理、色彩由内而外地体现出来，变得晶莹剔透。“三分做七分抛”，抛光的要求是造型不走样，细节不含混，光亮清晰，勾线处要切根，表面无砂痕，无水印，达到再现质地美的要求。抛光师就像高级美容师一样，不但给你外在美，还在于激发你内在的自信，使玉器经抛光后精、气、神全都焕发出来，使其更富艺术感染力。

抛光工具的选择，完全是应料施艺的功夫，而抛头的造型更要随机应变。王雕师利用 200 目金刚砂磨料混和了红火漆和松香调制成腻子，选择粗细适中的轴干，把火漆放在酒精灯下烘烤变软后黏附在轴干头上给产品上光。在抛光过程中，还要不断地用手指蘸上抛光剂来施行从粗到细的打磨。火漆制成的抛头，称为胶铊。铊子又分成大铊子：用于大面积外形表面的抛光；中铊子：用于大铊子走不到的地方；五铊：在比较粗糙的表面进行粗磨；六铊：在五铊基础上进行精磨；皮铊：末道抛光，除去细微的

正在后续整理中的白玉龙缸，有待做旧，右下角小件已上色待干。

抛光痕迹。抛光的辅料可以是人造金刚石钻粉（碳化硅）、氧化铝、氧化铈、氧化硅、刚玉粉、玛瑙粉、石榴石粉、研磨膏等。对于特殊的材料，老的抛光师也有用毛竹、葫芦、樟木、皮铊、布轮、羊毛毡等来操作的。皮铊以河南黄牛皮最好，俗称软盘，外径不宜太大。有时碰到坑坑洼洼或镂空的细微处，还得用小的布条、棉纱线蘸上抛光剂来回在这些地方进行打磨，或用水砂皮、油石等交替使用，为琢磨时没有走到的地方进行修整。白玉制品现在不再用传统抛光工艺，而基本上用手工逐一打磨，这也是在施艺过程中得出的经验。对批量较大的产品目前则用滚动式抛光机加磨料抛光剂来实行抛光，或用超声波震动进行抛光。在琢磨抛光之后，后续整理则要用加热后的碱水将产品洗干净，然后上蜡，烘干，可掩去某些缺陷和使外观更光亮些。

20 世纪 60 年代初期珠宝玉器厂加工生产情况

由左至右，由上至下分别为抛光、截片、黄金轧片拉丝、打孔。

五、现代玉雕风格简析

我国现代玉雕艺术表现风格主要有：北方以北京为中心的京派，富有庄重、稳健、气势雄伟的特点；南方以广州为中心的穗作，讲究深浮雕、立体雕、层层镂空以及精美、清秀为特色。在华东地区苏州玉雕的特色有目共睹，江南水乡的人情风貌呼之欲出。上海玉雕的海派风格，成为独树一帜的佼佼者，饮誉海内外。改革开放以来，中原地区的河南玉雕已成为后起之秀，产品普及全国各地，在炉瓶和大型玉件的雕琢方面敢于大刀阔斧地介入。经过这几年的努力，在小挂件方面艺术水准也大有进展，并业已形成像镇平县石佛寺这样的“中国玉雕之乡”。安徽蚌埠地区仿古玉做得很到位，几可以假乱真，玉雕前店后工场聚集的“南山市场”、“延安小区”、“北工地”、“光彩市场”……完全纳入了政府的发展规划，作为支柱产业予以扶持。其他像辽宁岫岩，1992 年以来，先后建成了“荷花泡玉器交易市场”、“玉都”、“东北玉器交易中心”、“万润玉雕工艺园”、“中国玉雕精品园”等玉雕产品集中的专业批发市场。目前玉雕工艺品已发展为七大系列、100 多个品种。其他像新疆的和田、喀什、乌鲁木齐，云南腾冲、瑞丽、昆明等地也是玉作辈出，这对于玉器创作繁荣是极大的催化。

北京玉器始于元代，尊奉道教大师丘处机为京作之祖。尤其是明、清时期作为皇城，汇聚了全国的玉雕高手和源源不断的玉料，成为我国玉雕工艺实力最为雄厚的主要基地。在近代又涌现有像潘秉衡、王树森、何荣、刘德赢、张云和、崇文起、夏长馨、许茂林、张凤起等众多的特级大师人物，

足以撑起玉雕半壁江山。京帮玉雕除了人物、动物、花卉、鸟兽、山水五大类产品之外，各类文房四宝、盆景、日用器皿的制作也是一流的。凭借北方的地理优势，在翡翠、玛瑙、岫玉、白玉的选材施艺方面得天独厚，北京玉器厂在文化大革命之后是恢复得最早，也是行业规模最大的地区之一。古朴典雅，结构严谨，章法得体，生动活泼，俏色绝妙是它的施艺特色。

上海玉雕“海派”风格的形成已有一百多年的历史，起源于绍兴、扬州、苏州等地的玉雕传统技艺。最具代表性的是玉雕炉瓶和象牙镂雕作品的融汇贯通。上海的钻石切磨处于国内领先地位。建国后以张涌涛为代表的磨钻行业，凭借自力更生、奋发图强的精神，在国际上有了“上海工”的冠名。上海玉雕业在玉器生产合作社的基础上，最后组建成“上海玉石雕刻厂”，并涌现出像魏正荣、刘纪松、花长龙、关盛春、孙天仪等全国玉雕特级大师。又有上海工艺美术学校自己培养的大批工艺大师、技师，这些后起之秀为上海的海派风格注入了新鲜血液，并成为海派玉雕的主力军团。

广州、深圳、福建等地以其独特的地理环境形成了自成一派的特点，发展着自己的特色。以广州为中心的玉雕基地，汇聚了揭阳、普宁、四会、信宜等县市级的众多玉雕企业，形成了产销两旺的阵势。从最初的就地取材到最早进入缅甸以及云南等地采购翡翠，一直到大量购入新疆玉料、岫玉以及国外的有色宝石、水晶、玛瑙、孔雀石、木变石、澳玉、碧玺等，是国内供产销形式最活跃的玉雕行业龙头。穗作最大的特点是大量高档翡翠制品应有尽有，在船舫、古塔、古兵器、旋转玉球等方面久享盛誉。

扬州玉器最著名的是“山子雕”，几乎是扬州玉雕的代名词。剔透精巧，小中见大，极富民族色彩，古朴庄重，浑厚中见玲珑，刚健中见圆润，将玉料的外形自然美和题材内容融为一体。在施艺方面，立体雕、透雕、镂雕、平面雕等工艺综合运用，有着独到的韵味。此外，扬州的炉瓶、花卉、走兽等产品也是极有特色的。扬州有着众多的玉雕厂和像湾头这样的家庭作坊集结的村镇，对全国玉雕行业产生了颇大的影响。

翟倚卫作品

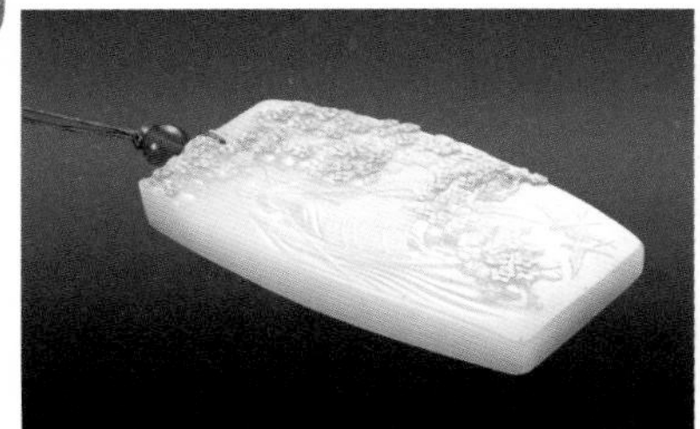

早春

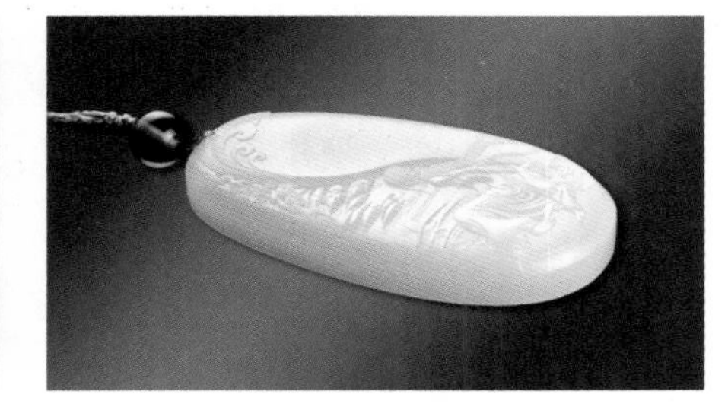

晚风轻轻

五月风华

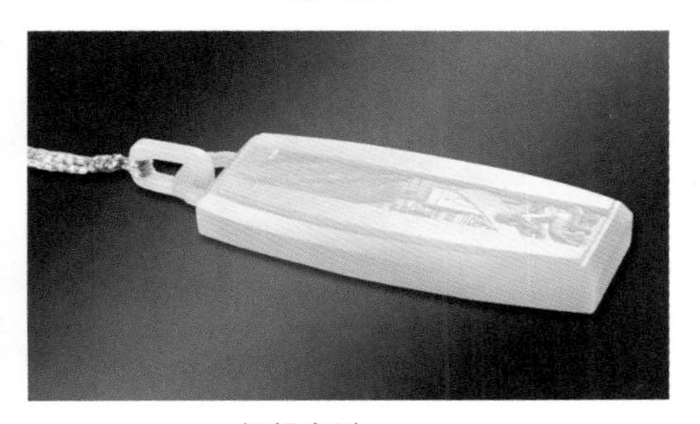

柳轻音渺

在“子冈牌”玉雕造型的原则基础上，重新打造出符合时代审美情趣之诗意表述和意在画外的新海派玉雕风格。形象和形式的开创，清新而不落俗套；透视和立面的构架，简洁而富于变化，这是海纳百川、中西融汇的一次突破性尝试。尤其在对玉料外观的完美苛求和皮色的巧工俏雕上可谓“挖空心思”，不达目的誓不罢休。作品的独特视觉角度和细节表现力带给你惊喜。从这些作品的创新中，我们应可意识到，白玉收藏应为“消费文化”，而不是背离传承、漠视内涵。

倩影

沈德盛作品

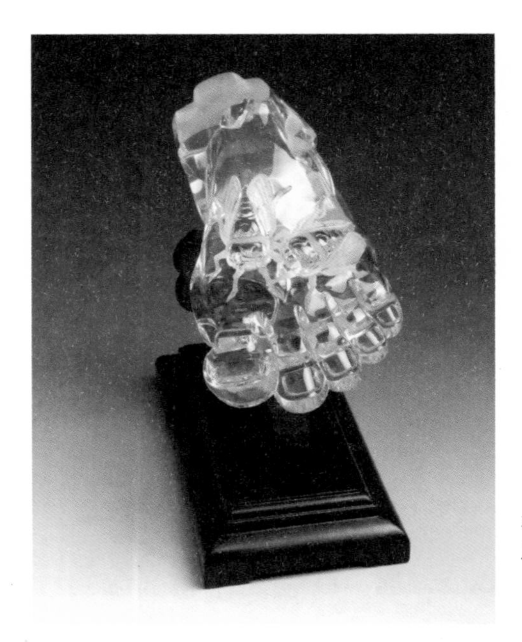

水晶摆件：千里之行始于足下

不积跬步，何以千里；
人生跋涉，知足常乐。

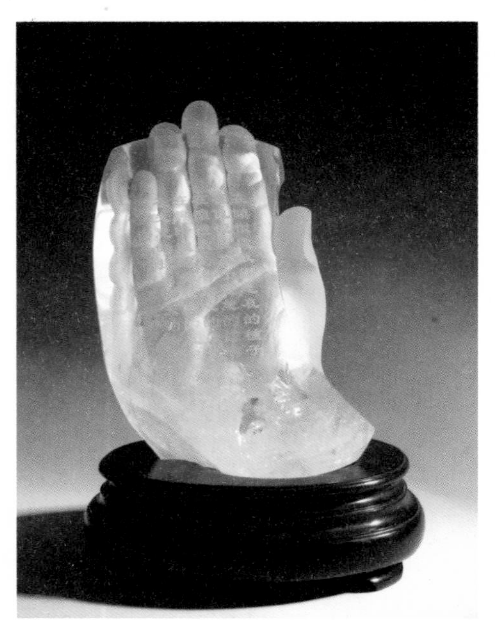

水晶摆件：座右铭

吴德昇作品

白玉挂件：春韵（李俊平提供拍摄）

屡借白玉寄相思，细琢精雕茧吐丝；
少女怀春梦牵时，如水流韵与君知。
这是一项正统理念与浪漫情怀的碰撞和对决，一帘幽梦，十里柔情。

易少雄作品

白玉吊牌（陈沛东收藏）

邹冬（人称“河南老乡”）作品

翡翠小挂件：凤凰

崔磊（人称“小天津”）作品

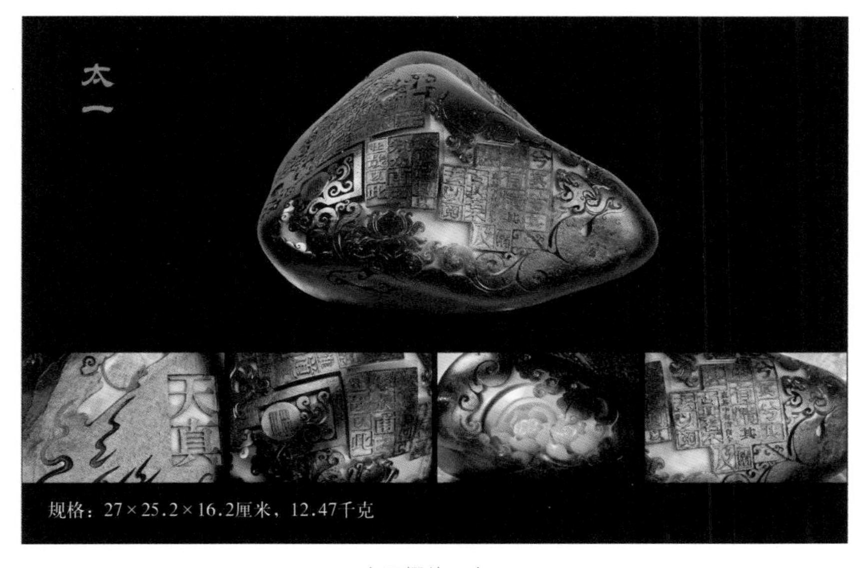

白玉摆件：太一

作品《太一》为和田白玉雕刻而成。在题材上大胆创新，采用端庄典雅的宋体字来书写崇尚自然、倡导返璞归真的哲学理论经典《道德经》，相较以往的吉祥题材作品多了一份时空的凝滞感。

宋体字直接继承了中国书法的精髓，兼具浓厚的现代气息，是与中国书法一脉相承的。秀气、刚劲有力、没有过多装饰的宋体字，不是美术字，而是纯粹的正本汉字。同样，《道德经》倡导的是生物性体验，带领人们思考现象之下的本质、具象之上的抽象、形而下之外的形而上，去发现人类生命存在的深层价值。《道德经》透出的是一种沉雄、厚重的韵味。

两者虽作为华夏文明两个领域的代表，但是艺术是相通的，揭开形式的伪装之后显现出来的是浓重文化的回归，将两者完美的融合，以此揭示生命的真谛：即去除一切装饰，回归本性。此时作品《太一》的意义尽在不言中，没有过多的装饰，玉石的外形丝毫未变，所谓“大言出物表，本性还天真”，透过典雅的宋体字后，我们隐隐约约看到的是玉石的光泽，那是自然的杰作，此时带来的是一份“豪华落尽见真淳”的释然，喧哗的心蓦然安静了下来。原来人性的真谛就是去除装饰之后的天真。

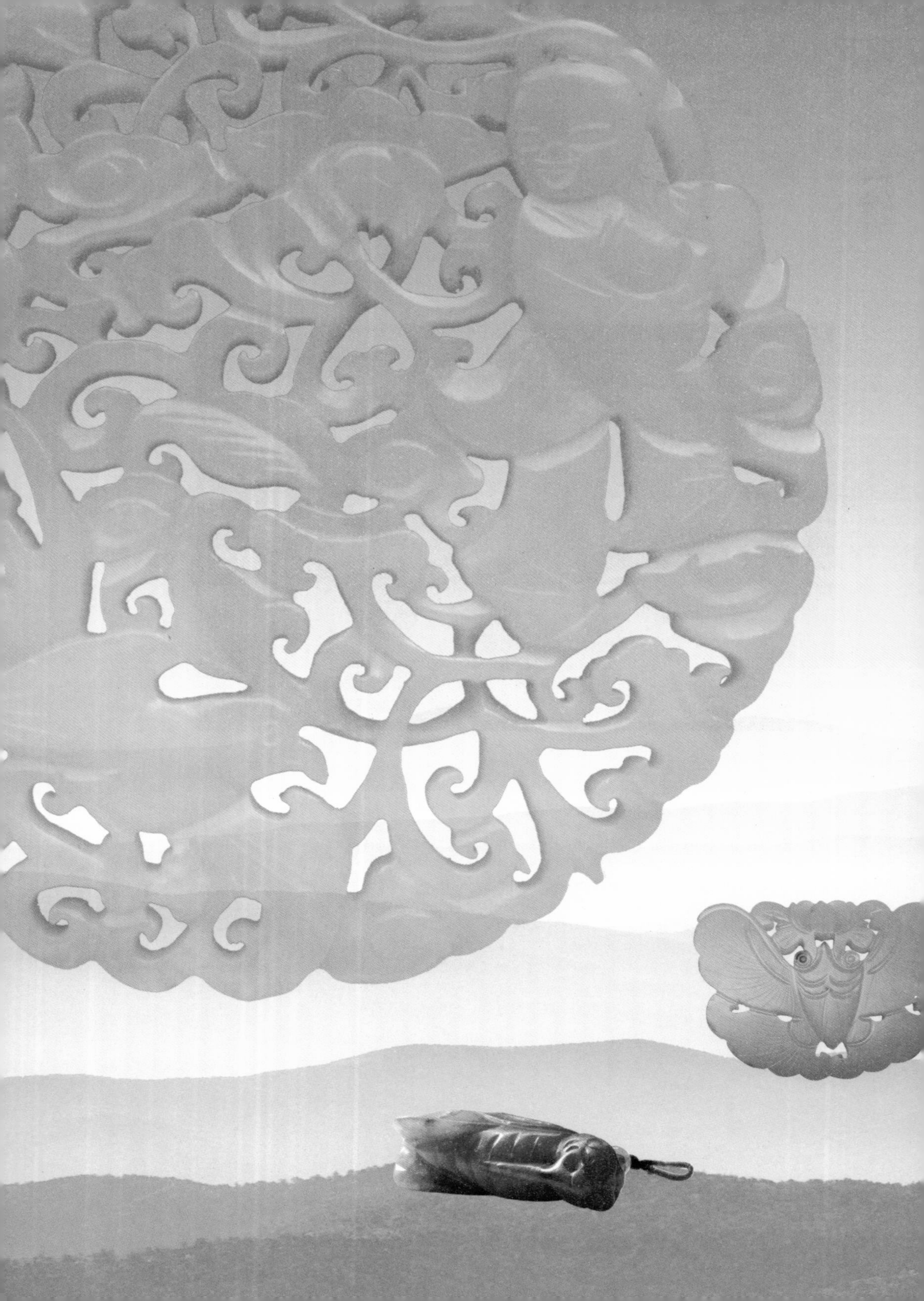

第四章

古玉的收藏与玩赏

一、古玉的分类

二、古玉的沁色

三、古玉的收藏与把玩

四、古玉的作伪

五、古玉收藏新探

一、古玉的分类

古玉分“传世古”和“土古”两类。传世古是指有史以来的旧玉经代代相传，佩挂把玩后，除雕工反映着当时的雕琢技艺和时代人文特点以外，玉质的色泽也变得深沉内敛、灰土褪尽，并在玉件表面形成了一层厚厚的氧化膜（俗称“包浆”）。这种盘玩后形成的包浆自然滋润，经人气“养”过之后成了熟皮。土古玉也称“入土古”，是指古玉长久深埋地下，受到地气、温度、湿度、压力以及相邻物质的入侵而发生的钙化现象，使玉质变得更加透晰和布满沁色。《遵生八笺》云：“古玉出土者，多土锈尸侵，似难伪造。古之玉物上有血侵，色红如血，有黑锈如漆，谓之尸古；如玉物上蔽黄土，笼罩浮翳，坚不可破，谓之土古。”《稗史类编》谓：“古土器有红如血者，谓之血古，又谓之尸古。”此类出土古玉，有些人认为“阴气”太重，有腥味，不敢盘玩，但玉质沁色颇为诱人。也有人认为经反复盘玩、清洗处理后另有一功。土古玉又有“生坑”与“熟坑”之分，要“养”段时间才能见分晓。受沁严重的玉质表皮还会产生“灰皮”（有层粉末状的玉醭）和斑驳凹陷现象，其内部隐现树皮纹、牛毛纹、碎瓷纹、冰裂纹等密集线形组织或玉筋条纹。这是玉的肌理在受沁变化后形成的自然纹理，并不表示它会破碎。还有些古玉由于入土时间过长，土中的沙粒渗入玉理而产生矿化重新结晶现象。此类沙性重的古玉，其表面杂质已浑然合成一体，很难在短期内将其析出盘熟。

白玉摆件：野骆驼　（上海鑫隆典当有限公司提供拍摄）

临摹对象，这是艺术之题材，而非艺术形式和行为。凭借美妙的想象，抛开它们的本相，去塑造自然所不能实现的东西。正是因为它的抽象化转换成独特的诡异，才使它获得永恒的生命。这是美学上称之为“移情”的过程。

作品上的蝴蝶、牡丹花喻意荣华富贵。中间是颗鸡心，两边插上单翅是蝙蝠的造型，喻意福祉心灵。蝴蝶双翅的小翼，雕琢成对称的两柄如意。千年灵芝簇拥着鸡心、蝙蝠喻意称心如意、福寿双全。

这是件不可多得的艺术珍宝。对称的图案，流畅的块面，无与伦比的细线、凹槽、坡面、轮廓线、浮雕、透雕、双面雕……多种琢刻技艺的完美结合，把玉雕手艺的魅力体现得淋漓尽致，可圈可点。难能逾越的是中间厚边缘薄的整体“退拔”造型，在完全靠脚踏手拉和眼力来操作的年代，一般高手也是难以完成的。

白玉挂件：蝶形佩

丰姿翩翩蝶恋花，怡静窈窕落谁家；
阔别犹唤操砣工，几多艰辛方有它？

二、古玉的沁色

沁色是指经雕刻琢磨过的玉件在入土之后所形成的附着在玉质由表及里层层浸染的斑斓色彩。沁色系金属元素在氧化、钙化过程中的还原现象，大都为色素离子起了酸性变化。黑色为朱砂沁、绿色为铜沁、黄色为土沁、紫红色为血沁、鸡骨白为水沁。新的白玉件如常近人气，颜色会变得微黄、糙米白，这是氧化的开始。

古玉的沁色是长年累月形成的，但仅局限于物体的表皮，其光泽不变，硬度亦不变，与玉质完全一致。只是氧化层过于厚重的话，会影响到玉的透度。沁色离不开玉料本身的基本色调和辅色调，玉质中富含的各种金属元素在互相释放与转换变化的过程中，同基色浑然一体。在盘玩时，有时沁色仍会发生变化，基本色调会出现偏深、偏重或色性转移，这可能是玉质的风化面掩盖了其固有的基色，当面气散尽时，内部的精光显山露水，还了庐山真面貌。

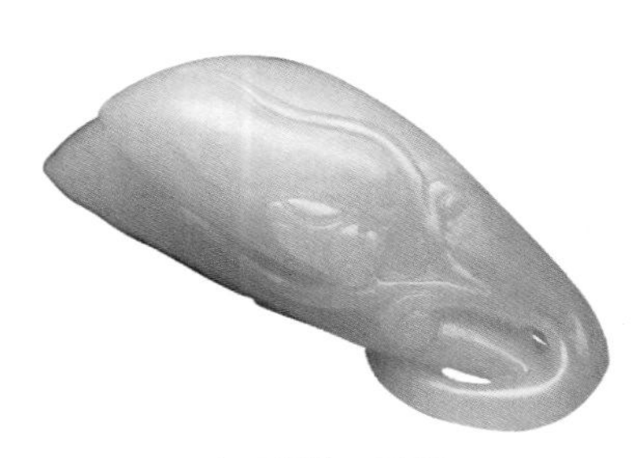

白玉握件：豆荚

表面呈米黄色泽，系盘玩后充分氧化的结果。厚重的造型特别饱满。阳刻叶藤和鸣蝉，简洁清晰，线条流畅。玉质细腻微透，无任何瑕疵、斑点。是圆雕技艺的成熟之作，“圆者规体，其势也自转。”历经传世盘玩，市面上已很难相见。

笔者在刚入行时有一次极其难得的机会，花了大量时间仔细观摩了近十块古玉，其是一位曾在文物商店、友谊商店和外贸进出口公司长年与古玉器打交道的老法师精心收藏的，最近的为唐朝做工，最久远的可追溯到春秋时期。其中一块蛇纹石玉质的璜形琥，近看赭黄浸润，迎光透视玉质完全像“丝瓜筋”一样，蛛网密布，再细看表面局部有种玻璃体反射光效果，坚硬有加。还有件立体雕双头玉猪，系白玉质地，通体呈灰白质褐色斑纹，土蚀现象严重，有着明显的钙化痕迹。最值得欣赏的是它的造型，混沌神秘，形态脱俗。另有件是琢成似虎似豹的薄片状饰物，玉质已没法辨识，整体呈深黄、蕉黄中带赤红似金的斑斓，表面坑坑洼洼，内里又细碎成冰裂纹。饰件的雕工是简单

白玉吊坠：童子骑象

玉质特别细腻润滑，白度很到位。童子和大象融为一体，神情并茂，颇有韵味。表面泛着温和的柔光，盘玩以久。

白玉握件：秋色满山

背面

整件作品采用浅浮雕手法，“在手疑无物，定睛知有神。”天水一色，斜不旁骛。山不让尘，水不厌盈。正面天边风帆、团团松针、老翁斗笠、老妪发髻、顽石、水波纹……背面文字、劲松、贞石……近处着手，远处着眼。没有扎实的绘画与书法基础，要雕琢出如此辽阔的意境和真实的文人雅趣是不可想象的。

原石天然的蕉黄金皮只用了2毫米左右薄薄的一层，全部采用阳刻，没有一处遗漏外泄，里面的玉性究竟如何？几百年盘玩下来，没人敢动深刀进去赌一把。但玉件的完美性、完整度已把收藏者镇住了。“存在的就是合理的。”想赌？谈何容易！

的线条勾勒，十分流畅，威武生风。还有些鸟兽的小件等，件件令人心驰神往，发幽远思古之情。受老法师的点拨指导，看过这类真正的古玉之后，笔者不得不从心底里赞叹中国古玉文化的惊天动地，不知道古代先民是从怎样的早期原始思维状态来认知这一切的。古老的东西、圆满的东西、饱经沧桑的东西，才是最美的东西。

笔者十几年前去芜湖某古玩玉器行，老板曾小心翼翼地打开层层包装让我欣赏一件价值120万元的古玉兽。现在回过头想想，价格简直就低得无法想像了。这种直观性极强的古玉，行业内又称为“开山门”玉件，在市场上既罕见又价格骇人。笔者近期觅到一片独山玉圆璧，在灯光下碧绿透明，表面呈玻璃光泽，布满斑驳红沁，非常漂亮。极简单一块薄薄的料，但就是越看越有神韵。

白玉人物握件：玉胡人

头顶冠饰，两耳招风，斜襟长袍，脚蹬靴子，低腰束身的服饰精美时尚。两手拱腹，笑容可掬，高耸的颧骨，更觉滑稽。通体包浆呈玻璃光泽，其白玉质地显见矿化变晶现象。

三、古玉的收藏与把玩

收藏把玩古玉最耐人寻味的是它的质感、丰富的沁色，以及精致的做工。好的沁色有“枣皮红”、“陈墨黑”、“茄皮紫”、“秋葵黄”、“松花绿”、“鸡骨白”等。玉质的每一局部沁色，都值得我们去细细揣摩、品评。无论是传世古玉或是出土古玉，把玩汉时雕工最有味道。“圆者规体，其势也自转。”汉代是白玉大量问世的鼎盛期，它的题材面广、生活气息浓厚、雕琢工具先进，工艺水准也有了质的飞跃。既有当时的仿古件，又有“汉八刀”的创意；既有镂刻细腻的佩挂、组合件，又有充满情趣的各类人物形象。而传世的古玉经过了历代的筛选、收藏，蕴含了大量的人文内涵，又经几代人的盘玩，宝气外露，温顺圆润，纯得没有一点火气，往往呈现米黄的包浆。一块出土古玉，如果尚未脱胎，玉皮灰土未能吐尽，玉性闭塞，致使清光不能透出，则显得有点干、硬，“阴”气太重。

目前古玉玩赏者最主要的困惑在于市面上做旧赝品几乎可乱真，一旦收藏后，发现是赝品，未免大煞风景。其实如果在购买时讲明是仿古，只要玉质好、雕工一流那也值得收藏。毕竟好工好料来之不易，可遇不可求，总比用低级手段滥造的“出土文物”要强。还有种情况是明、清、民国时期的仿古玉制品，虽说是当时的“仿古做旧”，但流传至今也历经岁月，初始涉足不妨购回把玩，经常作为“标样”与各种玉类作一对比，学点经验。当今市场上想要“拣漏”已不太可能，而注重质地和品位的精品意识，已越来越成为人们关注的焦点。只要是弥足珍贵的玉件，时

白玉圆璧：歌舞升平

此双面透雕圆璧，用和田白玉仔料制作，玉质细腻，有一定的白度和油性。块面比较大，外径达 78 毫米，厚 6 毫米。画面由“持荷童子”组成，缠枝纹和云头、飞鸟图案作铺锦陪衬。

间越捂得长，价值就越高。玩赏玉器可作为一种休闲、交友的雅趣，尚可学得不少知识，也是投资保值的一条途径。

把玩古玉应注意如下的几个问题：

1．玉质的油脂光泽

不是说玉质将油水吃进去了，而是指玉本身的透闪石细微颗粒（小于 0.001 毫米）在玉料内部呈长短柱状和细长纤维隐晶结构交织在一起，其棱方柱面又以均匀无定向密集分布，在光线的照射下，应有的玻璃光泽有了漫散射的阴影面，出现部分反射光紊乱，使玉质表面似乎有了一层油脂状晕光。目前采用打磨手段来抛光，而不是进行传统工艺的抛光，其实过度的抛光有时反而使玉显得太光亮，有瓷性。另外，在盘玩中切忌油腻和浸油，也不要用鼻油、额油去揩；需避免过分接触汗水，汗的酸碱成分会损伤玉肤，阻碍古玉精光的透出，形成气息闭塞，不能使玉质内在的湿润滋糯的固有属性全部反映出来。古玉真正好的质感是种由内而外的透析、纯净、细腻、灵动。

白玉人物握件：玉胡人

汉通西域，人物的塑造便有了新意。如图：捻下颏，着宽袍，圆环穿耳，作“手法印”状。玉质中的黑点佐证了新疆白玉的特征。

白玉挂件：玉豚

形体活泼可爱，手感极为舒适。柔中带刚，圆中见方。头部豚的特征塑造得特别逼真，昂首振翅，前掠后扬的双羽显得动态十足。其背部、前额、羽翮末端有明显的土沁色泽，层层叠加，包浆充盈。

2．谨防污染

不要用脏手去抚摸、接触古玉，这样会使玉中的沙星、灰土不能退出，应该将手洗干净再去盘。最好办法是用只小的布袋装点糠壳或者草木屑，装在一起盘。佩戴时间长了，可以用开水或烫的茶水洗一洗，再用鬃刷在古玉表面来回刷，鬃刷本身有一定的油性又不是太强烈，而且这也是种轻度抛光。玉质就像人的肌肤，允许它呼吸，吐故纳新，剔除脏物，才能保持细腻纯洁。

玉猪（张正建收藏提供照片）

玉洗水上漂

叠水泛绿舟，云破暖金秋；
江东多轶事，逐波思源由。
（摄于上海塘桥由由大酒店前人造景观区域，由由二字的出处为：种田人出头了。）

3．切忌接触有毒有害气体

有碱味、有毒、有害气体的场所要尽量避免携带古玉，这些气味会伤及玉质，使清光不能透出。腥气的物质会使玉质黯淡无光，也要远离。古玉盘玩除了经常随身佩戴之外，最好备几块轮流调换着玩，一是可以有种新鲜感，二是可以放置一段时间再仔细观看其有否质、色、泽的细微变化。经过一段时间你可能对古玉又积累了新的经验，此时拿出来重新审视，会给你一个惊喜。玉就是这样一种常看常新、百看不厌、越玩越有兴致的天然之宝。

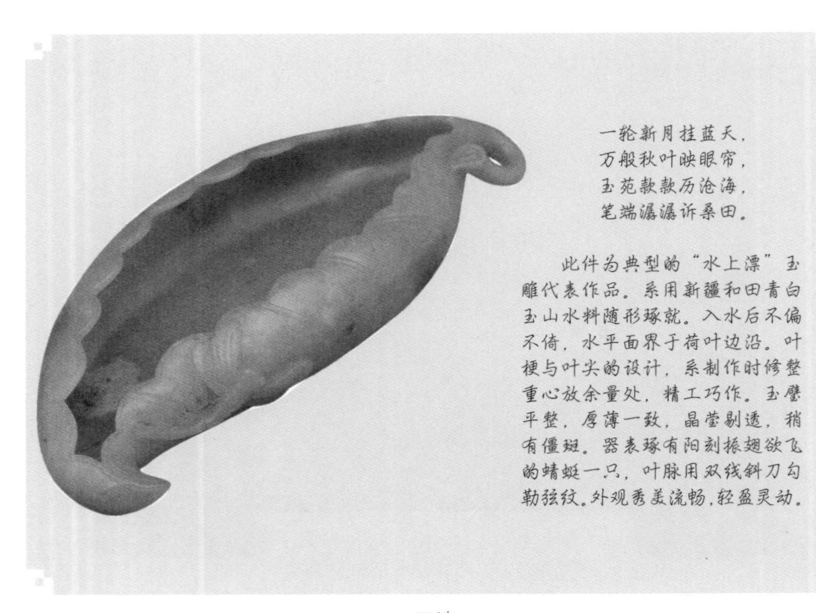

一轮新月挂蓝天，
万般秋叶映眼帘，
玉苑款款历沧海，
笔端潺潺诉桑田。

此件为典型的“水上漂”玉雕代表作品。系用新疆和田青白玉山水料随形琢就。入水后不偏不倚，水平面界于荷叶边沿。叶梗与叶尖的设计，系制作时修整重心放余量处，精工巧作。玉璧平整，厚薄一致，晶莹剔透，稍有僵斑。器表琢有阳刻振翅欲飞的蜻蜓一只，叶脉用双线斜刀勾勒弦纹。外观秀美流畅，轻盈灵动。

玉洗

喜鹊闹喳喳，老树发新芽；
翻飞闲不住，年年来我家。

雕工流畅，一丝不苟，踏地平稳利落，立体感很强。喜鹊形象逼真，上下呼应，生动贴切地体现了主体的立意。梅桩的原皮勾勒和花的梅开五瓣，形成一种泼墨与工笔的有机结合，这应是高手操刀的力作，值得把玩。

青玉挂件：双喜临门

和田青玉：墨盒

两条螭龙处理成相向回首俯视的轴对称图案。头部方正，嘴平直，双眼外凸，阴线细眉上扬，尖耳后伸呈祥云状。颈部和腰部处形成两个很强的弯势，腹部着地，臀部突兀，整体“S”造型一目了然。姿态优美，回眸转身，背脊处流畅的阴刻起线，既强调立体感，又显然是沉稳高超的雕琢技艺的施展与卖弄。二前足向后呈“八”字形，后足站立支撑，夸张的云头如意纹单尾飘逸潇洒，使整体饱满均衡，雍容华贵。外圈边框用细线勾勒出连绵的方折纹，在总体浅浮雕的剔地上使双螭更具装饰效果。

盒内壁琢磨不甚精细，有明显的琢痕残留。从玉盒包浆和磨损程度来看，使用年代已较久远。材料的硬度、密度都很高，玉盒无任何裂隙、绺、石性、杂质等缺陷，说明当时选料相当慎密。

四、古玉的作伪

旧玉作伪古已有之。据古籍记载，玉器仿古做法有提油法、着色法、油煎、叩锈、琥珀烫、罐子玉、褪光法、水煮法、刨斑法、火烧法，还不包括许多民间秘而不传的作伪手法。目前，仿古做旧也可分为几种类型：一种是"高仿"，用高档和田玉或白玉仔料，模仿古时的刀法，精工细作，反复作伪并刻意造成包浆，这类古玉售价越高越有人要；另一种是"做皮"，用山料磨光成卵状，用搅拌机、球磨机、滚筒，产生磕碰痕（这和天然皮张外面酷似鸡蛋壳皮痕，是很不一样的）。或用玉质较差、布满石皮的一般玉料，通过化学手段来生黄催红。也有用强酸腐蚀表面，造成土锈土斑土浸的假象，色泽较薄，有种干、涩、死、瓷、面、松、俗的感观。更为俗不可耐的是"臆造品"，劣质仿冒，题材张冠李戴，外形不可名状，东拼西凑的怪异物件，弄得脏乱不堪，表皮与内中玉色毫无关系，雕工又极其含混，不负责任。这简直是对玉料的恶意摧残，是可忍孰不可忍！

近期出现的古玉作伪手段简略介绍几项：

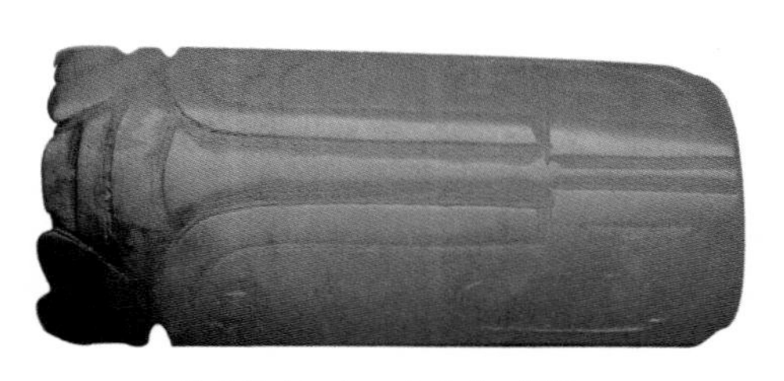

仿古烧制 青玉扁方体《蝉》

1．酸洗加色

将玉浸泡在各类酸性溶液中(盐酸、硝酸、磷酸、硫酸等)，取出后用高锰酸钾、硫化汞、硫化铜……要什么颜色就上什么化学试剂。然

火成岩染色

青玉烧制

后反复加温（小物件微波炉就能解决），或用冷水激（冰箱内速冻很方便）。什么牛毛纹、冰裂纹、鸡骨白、黑古漆……颜色渗透进去之后，再进行打磨或用滚筒加抛光液弄上几天，表面的玻璃包浆、沁色样样齐全。

2．烟熏火燎

把玉放入炉窑、烤箱，点燃冒烟的燃烧物质。熏完后抹去表面浮尘，留下擦不掉的油烟杂质，浅黄脏黑，这就有旧的效果了。骗人者会称："你见过真正的古玉吗？没有。这就是几百年前老祖宗传下来的宝贝，急等钱用，贱卖了。"

卡瓦石仿古件：四不像

赝品

3. 以石代玉

用各种砾石、变质大理岩，先行漂白、清洗、干燥，然后放入染料或颜料中浸泡或涂抹，再放入电炉或烘箱中加温。再简单一点，在炉子上放块铁皮，搁点沙子，把玉件放在里面煨。再降低点加色成本，什么鞋油、油墨、沥青、石灰、铁屑……不拘一格，为我所用。只有想不到，没有办不到。

4. 粉末压制

这类“玉件”与真正的玉料完全没关系，内部根本看不到结构，灯光一打全透明。做工均系“机制”（电脑喷砂）或压制成型，没有加工痕迹。硬度不高，渗点水晶成分（二氧化硅粉末），比重不够加点铁质。在放大镜下观察，表面橘皮现象严重，内部还有气泡。市场上批量出现，造型和题材雷动，拷贝不走样。

5. 以真乱假

目前还需特别注意镶嵌好的首饰仿旧玉件。“小吃大还钞”，反其道而行之。用 k 金、白银或铜，精工打造做假旧饰来抬高身价。反正，骗着一个是一个，斩着一个是一个。

石髓臆想件

玉髓仿古件：鸭嘴兽

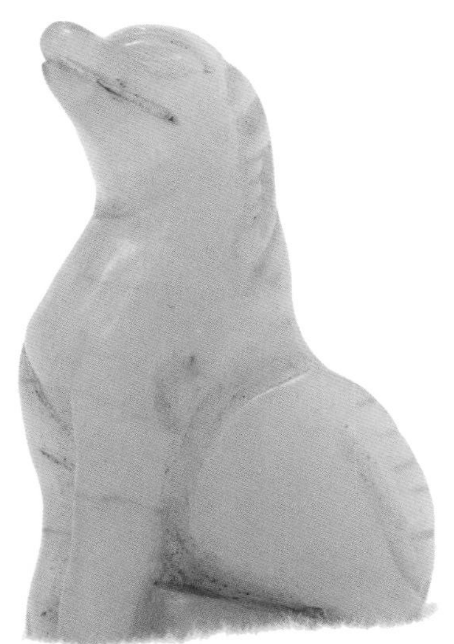

岫玉仿古件（染色）：兽

五、古玉收藏新探

中国古玉的收藏源远流长，翡翠、白玉、玉石类的文化积淀，在民间早已根深蒂固。作为我国几千年文化史的重要组成部分，古玉既是物质的也是精神的，更是人文的。玉雕宝库中所蕴藏的成功与美妙具有广义文化的共性与稳定性，其中的经典之作更是崇高旨趣的和谐提炼。虽然遥远的图腾活动和巫术礼仪所赋予的内容早已沉睡和不复存在，但只要人类还需要一片精神的星空和地平线，玉雕艺术的传承与创新就一定会持续发展、不可磨灭。

古玉的概念由于仿古的泛滥，拍卖行的假作真时真亦假，专家鉴定的全盘肯定与否定……使得本来就是“黄金有价玉无价”的特殊商品变得更加扑朔迷离。其中造假高科技化和鉴定技术滞后所引起的信任危机，造成了消费者对“古玉”的仇视和排斥心态。这样的后果在于无迹可循，无法可依。

玉雕技术的传承是接力棒式的不断向新的艺术难度和高度冲刺，它不是以朝代的更替、纪元的交替而截然区分、割裂，甚至拗断的。某些“专家”、“权威”以“确信无疑”、“开山门”、“强烈的时代特征”……等等词汇来判断古玉的年代、典故，笔者不敢苟同。试举一例：全国玉雕大师关盛春老先生已届期颐之年，他的雕琢完全是“清工”风格，就目前而言不作说明尚足以骗过一般的玉雕收藏爱好者，如再过百年呢？我们对古玉的断代是否应当重新设置它的编码程序？笔者认为若以某位大师玉雕风格模式的创新作为划分的依据和命名是否更具说服力和代表性。像全国玉雕大师翟倚卫所制作的《海派玉牌》，以石库门和花园洋房为背景，被藏家所认可。颇具海派地域特色的风格扑面而来，这是否具有划时代的意义呢？

玉雕作品难能可贵的是它所使用的材料是与地球的形成与生俱来的，不易变质、不易损耗，不存在折旧、更新，无须提供保管费、护养费。时间盘得越久越醇，最终成为文物、传家宝。相对岩石的生成条件、空间和时间过程，传世的古玉仅能说明，它的制作技艺只是某个阶段的实物标样，岁月的浮光掠影所留下的些许印痕。作为人类短暂历史的见证，使我们得以缅怀故人、敬重先人。但我们更应面对当今，有好的玉料，好的切工，又充满艺术情趣的作品，“玉钗作燕飞，金钱成蝶舞。”不买缺，买其绝，何乐而不为呢？

关于选择古玉投资，海外华人收藏家徐政夫先生对古玉投资价值奉献给我们一个公式可供参考：一块玉若以 1 为标准，玉质为 2，刻工为 4，沁色为 8，造型特殊为 16，玉成色为 32。这也印证了古玉的材质一般来讲有点不尽人意，主要的收藏价值更在于它的沁色和特殊造型以及它的完美度。换句话说，我们若要收藏现代优秀的玉雕作品是否可以套用此公式倒过来看。首先是作品的整体完美性，其次是它的造型艺术，再次为它的色彩。色彩是最原始的审美形式，而艺术品位则是文化修养的集中体现。玉质好坏是可遇不可求，系按质论价的初始阶段。通过艺术大师的雕琢、造型，玉便成了情感的载体，生命的形式，这才是收藏的魅力所在。

市场永远是满的，但也是动态的，要靠我们去开拓，去创新。我们可以由实用的消费从众心理，引向个性化的消费。除了古玉收藏者有一定的群体消费之外，我们不妨可以再去创造一个新的收藏者阶层，这就需要我们更新理念。一般古玉的历史收藏价值大约只能提升成品总价值的 20% 左右，而目前市场上当代名家的雕工和原材料成本要各占 50% 左右。玉雕作品的附加值在于艺术品位的高下，施艺技巧和创意的个性化。因而设计的唯一性、独特性使得它的升值空间显而易见。我们没有必要再去拘泥于是否古玉，是哪朝哪代的。好的玉雕艺术珍品流芳百世，这不是一句虚语，而是在优胜劣汰前提下的有机过滤和筛选后明智选择的结果。新玉在不久的将来便成了老玉、古玉，是金子总会闪闪发光的！

第五章 玉雕题材的文化内涵

一、龙
二、凤凰于飞
三、外来狮子中国舞
四、金鸡报晓
五、马到功成
六、俯首甘为孺子牛
七、貔貅
八、子嗣昌盛
九、莲荷图案
十、灵芝与如意
十一、蝉
十二、八仙过海
十三、释迦牟尼
十四、罗汉
十五、弥勒菩萨和布袋和尚
十六、观世音
十七、钟馗
十八、福、禄、寿三星
十九、济公
二十、刘海蟾
二十一、达摩
二十二、和合二仙

玉雕无论是礼器、祭器、陈设品、摆件、佩件、握件，均由始作俑者先行构思策划，再经去芜存菁、因材施艺、因料制宜的剖析，来突显既定主题。而主题的选用又离不开“讨口彩”的习俗。玉雕既是工艺美学也是社会学、伦理学与哲学的概括和浓缩。口彩的俗文化，口彩在玉器饰品上的广泛依附，不仅在形式上塑造了中国工艺美术鲜明而炽烈的民族特色，也体现了我国劳动人民乐观向上、风趣幽默的秉性和对摆脱艰辛生存环境的一种自我解嘲、自我安慰、自得其乐。口彩所寄托的含义包括：吉祥如意、福禄寿喜、百年好合、多子多孙、五谷丰登、连年有余、升官发财、前程似锦、祈祺安康、歌舞升平等内容。它以丰富的想象力将互不相关的事物和谐地组合在一起，使之具备了超脱事物本义之外的社会内涵，是我国俗文化的重要组成部分，也是长期的渔猎农耕自然经济条件下一种积极进取精神的具象化、传承化、艺术化的绵延拓展。

民间口头传说以及大量神话故事，这是人类社会童年时代的产物，是历史上突出事件的片段记录。反映了远古先民认识世界的一种暗示、猜测、幻想，一种对超自然力量的崇敬、信仰。这是历史的真相，文明的历史化进程，是一种观念形态的文化艺术。玉器作为玉文化的传媒和载体，它所寄托的内涵在于借物寓意、隐喻矢志。我国特有的玉雕工艺之所以能树立于世界艺术之林，得到普遍的认可和赞同，根本的一点就在于浓郁的东方情趣。“只有民族的才是世界的”。面对如此丰富多彩的玉雕艺术遗产，只有认真去潜心研究和继承，才对得起我们泱泱玉国的文化氛围。大量的口彩题材，经历代筛选，仍顽强地表现着自己。传统题材的承袭，旧工旧作，有其合理存在的必然性。但旧的题材也难免给人一种岁月的阻隔，大江浪淘尽，毕竟东流去。

我国当代杰出的艺术大师钱君匋先生在论述书籍装帧要不要民族化的

问题时指出：“我以为民族化和现代化是可以融合在一起的。没有民族化只有现代化就分别不出是哪一个国家的设计；仅仅是民族化，老是在一成不变的古老的东西里翻筋斗，也是没有出息的。民族化不能停留在模拟、搬用上。”

我们只有从“文盲”玉雕向“文人”玉雕方向发展，才能运用现代的玉雕施艺手段将“古意”发挥到极致而博古通今古为今用，去实现它的迁移价值。内容溢出形式，艺术显示秩序。重视前人是为了造就后人，宗法自然是为了扩大视野。用更具创意的态度去面向未来，才能产生精确的结果，才能有效呈现它那精光异彩。艺术作品要尽善尽美，善是道德的行为，美是情感的契入。作为一种包括道德含义在内的行为艺术，只有通过高度自觉的人的主观品格才能达到。

题材方面，常有消费者提出如是疑问：“这代表啥个意思？有啥讲法？”尤其是具有组合涵义，多重口彩的情况下，有时还真有点不知所措。下面的章节就此作些探索诠释，纯属一已之见。

一、龙

远古时代，在我国境内，居住着许多不同祖先的氏族和部落。而把龙作为图腾的氏族占了很大的比例。黄帝、炎帝、太皞、夏族、尧、舜、包括北方的匈奴，南方的苗族、越族……龙文化波及之地域和氏族，足以使每一位中华炎黄子孙自喻为龙的传人。

翡翠挂件：双螭（李倩提收藏）

相视而动相与语，抛且珠贝祈云雨；
四肢勾勒试吐信，守宫蜥蜴亦成趣。

艳丽的红翡色，纯净滋润，呈红珊瑚质感。踏地的黄翡稍显逊色，但处理得泾渭分明，主题凸现。两条蜥蜴（螭龙）造型柔中带刚，颇具气势。底部铜板的雕琢略为率性粗糙，疑是“粗大明”的琢玉风格。整体包浆充盈，红色部分特别细腻诱人。（《卦文名义注》：守宫与龙通气……）

翡翠挂件：龙头龟

原料色泽鲜艳，龙的主体气宇昂轩，细节处理毫不含糊。整件作品雕琢虚实相间，以型随形。对原料的驾驭，信手拈来，水到渠成。有一定的收藏价值。

诗人屈原《天问》："日安不到，烛龙何照？"《广博物志》："盘古之君，龙首蛇身，嘘为风雨，吹为雷电，开目为昼，闭目为夜。"《说文》释其："鳞虫之长，能幽能明，能细能巨，能短能长，春分而登天，秋分而潜渊。"

龙是既有形又是无形的神奇动物，经过长期的图腾相互影响和彼此融合，才有了共同的符号意义。关于龙的起源，莫衷一是。龙是古人对蛇、鳄、蜥、鱼、猪、马、熊、鹿等动物，及云雾、雷电、虹霓、星月等自然天象模糊集合而成的一种神物。龙作为原始图腾崇拜的对象，本质上并不是自然界中的实物，而是基于民族文化积淀的一个符号象征和主流标志。在我国的文字形成、演变过程中：甲骨文的"龙"字是象形飞腾的样子，并有70多种写法；到了金文的"龙"字已富有图案化、艺术化的倾向；篆体字的"龙"则突现其怪异、神秘的一面；繁体字的龙有16画，写起来比较复杂；简体字只有5画，但要写得好看还是有难度的。

有关龙的谚语、俚语、成语、歇后语很多很多。龙作为一种神秘的瑞兽，而被神化、异化了，于是有了"柳毅传书"、"哪吒闹海"的民间故事。《三国演义》曹操煮酒论英雄一节中写道：酒至半酣，忽阴云漠漠，骤雨将至。从人遥指天外龙挂，操与玄德凭栏观之。操曰："使君知龙之变化否？"玄德曰："未知其详。"操曰："龙能大能小，能升能隐，大则兴云吐雾，小则隐介藏形，升则飞腾于宇宙之间，隐则潜伏于波涛之内，

非洲红宝摆件：变色龙

大红大绿的色彩，颇为夺人眼球。巨大的红刚玉来之不易，其绿色部分为绿帘石围岩。

方今春深，龙乘时变化犹人得意而纵横四海，龙之为物，可比世之英雄。”经过几千年不断的积累、融合发展，龙那变幻莫测、无所不能的力量，构成了玉雕艺术的一系列特色。

史前，龙的概念是朦胧的。在新石器时代的彩陶上，有酷似鱼首之蛇的简单龙纹隐现。以龙为主题的玉器、青铜器营造出一种威严而神秘的艺术效果。春秋战国，打破了以往的古朴和神秘，更突出龙的轮廓，使之日趋生动流畅明快。秦汉的龙又分成蛇身和兽身两大类，有了盘龙和四足兽的造型。《论衡》曰：“世俗画龙，马首蛇尾。”这是汉代的龙，并将龙纹与螭虎纹、凤纹配合形成新的图案。在民间，这时的龙常作为“四灵”（青龙、白虎、朱雀、玄武）、“四神”（龙、麟、凤、龟），而被广泛用于礼俗。魏晋南北朝基本延续了汉代的风格，诞生了一批画龙的大师级人物，龙形变得潇洒生动起来，还留下了“画龙点睛”的典故。唐代时艺术风格注重移其形似而尚其骨气，龙纹威武雄壮，昂首奋鬃，俯仰翻腾。宋时的龙纹素身多，曲折度大，比唐时雕得粗犷。宋代的《尔雅翼》一书，对龙有了适度的描述：“龙有三停九似之说，自首至膊，膊至腰，腰至尾，皆相停也。”

元、明、清时期，龙文化被皇室所垄断，成为宫廷艺术，龙的身分倍增。在民间广为流传的龙形图纹被严格加以限制，但龙作为吉祥、喜庆的标志，在龙王庙、龙灯会、龙头节、龙船节、端午节赛龙舟等场合被广泛使用，而且具有明显的世俗色彩。从最初的“伏羲龙身，女娲蛇躯”到“龙生九子”，艺术造型中形象完美的龙，基本特征变得更加丰满：剑眉、虎眼、狮鼻、鲤口、鹿角、牛耳、蛇身、鹫脚、鹰爪、马齿、獠牙，四脚生火，颈披鬣毛，脊上有节，背上有刺，一对长而有力的触须，前额隆起前突，虾米金睛，上唇有胡，下唇有须，身披莽甲，腿脚长毛有焰，以云水衬托；尾部造型包括鱼尾、凤尾、狮尾、马尾、飘带尾、扇形尾、火焰尾、莲花芒刺等不同式样。

《广雅》曰：“有鳞曰蛟龙，有翼曰应龙，有角曰虬龙，无角曰螭龙，未升天曰蟠龙。”民间尚有天龙、地龙、玄武龙、蛙龙、鱼龙、象鼻龙、双龙、盘龙、戏珠龙、团龙、云龙、穿花龙等多种创造。

玉佩：团龙

和田白玉方牌：鲤鱼跳龙门

据《太平广记》：每年暮春有黄鲤自下游汇集龙门山下，龙门峡山寺两岸，形如阙门，亦称禹门口，能跃过龙门逆流而上的，化而为龙。

俄罗斯碧玉方牌：云龙

色泽呈墨绿、黝黑，玉质较细腻，机制雕工

业内早期素描稿：双龙戏珠

子冈牌画面，中间阳刻“大吉”二字，系典型传统题材之一。

中国民间一直流传着龙生九子不成龙的说法，也就是说龙的九种子嗣都不是龙，而是九种不同的动物。《中国吉祥图说》中描述为：九子之老大叫囚牛，喜音乐，蹲立于琴头；老二叫睚眦，嗜杀喜斗，刻镂于刀环、剑柄吞口；老三叫嘲风，平生好险，今殿角走兽是其遗像；四子蒲牢，受击就大声吼叫，充作洪钟提梁的兽钮，助其鸣声远扬；五子狻猊，形如狮，喜烟好坐，倚立于香炉足上，随之吞烟吐雾；六子霸下，又名赑屃，似龟有齿，喜欢负重，碑下龟是也；七子狴犴，形似虎好讼，狱门或官衙正堂两侧有其像；八子负质，身似龙，雅好斯文，盘绕在石碑头顶；老九螭吻，又名鸱尾或鸱吻，口润嗓粗而好吞，遂成殿脊两端的吞脊兽，取其灭火消灾。

和田白玉佩挂件：子辰佩（望子成龙）

龙身卷成长方块面，整体造型以弧面和宽沟纹，惺钻踏地来强调龙头、龙尾和龙颈的雕琢风格。右下角的老鼠与粗犷的象鼻龙形成强烈对比，相映成趣。玉件的盘玩已有段时期，使得玉质深沉清沏，表面呈米黄色泽包浆。

民间还有五爪为龙（金、木、水、火、土），四爪为莽（凶龙）的说法。龙爪又有后蹬爪、攥云爪、着地爪、凌云爪、亮掌爪之分。宋元时期在以龙纹作修饰时，还限定五爪为皇帝专用。

上海玉雕行业老一辈的艺人，对琢龙有着深刻而独特的理解。他们编了些顺口溜，易记上口。如：“龙开口，须发眉齿精神有”；“头大，颈细，尾如意，神龙见首不见尾”；

“火焰珠光衬威严，掌如虎，爪似鹰，退伸一字方有劲”；“嘴忌合，眼忌闭，颈忌胖，身忌短，头忌低”；“昂首竖尾状如行走称云龙，云气绕身露头藏尾称飞龙，盘成圆形称团龙，头面朝前称正龙，头呈侧面称坐龙，头部在上称升龙，尾部朝天是降龙”。

我国最早的玉龙，是新石器时代红山文化遗址中发现的“C”龙。它高 26 厘米，墨绿色蛇纹石质地；身体蜷曲成“C”形，吻向前伸，嘴似猪，鼻端前凸且翘，端面平整，有平行的两个圆鼻孔，橄榄形凸眼，头顶至颈背长鬣后掠，末端内卷上翘；额部及腭下刻有深阳线菱形网格纹；身躯光素，扁圆，尾部斜面内收，背部有一钻孔。此玉龙号称“天下第一龙”，华夏银行就以此玉龙为标志。

历代龙的雕琢渐变是在承前启后及民俗民风的推助下逐渐演化而来的，反映了当时社会政治、经济、文化、典章制度和皇室提倡、民间响应的社会意识形态。

白玉摆件：闹龙舟

龙舟的雕琢昂首挺拔，厚重稳扎，童子群像生动活泼。整个画面，欢乐、喜悦、热闹、有情趣。

二、凤凰于飞

凤凰在神话中占有重要地位，凤有“百鸟之王”美誉。凤凰状如锦鸡，五彩毛羽，生性多洁，饮必择食，栖必择枝，能歌善舞。民间有“龙子凤女”之说。龙凤寄寓着一种阴阳交泰、美满和谐的社会生态。最早记载的应是《诗经》所言：“凤凰于飞，刿刿其羽。”《楚辞》曰：“凤凰上击九万里，绝云霓，负苍天于窈冥之中。”“燕雀之志，尝思爪下之食，肠不盈于百粒，声不远于五畦，翱翔藩篱之下，其气量亦自足矣。鸾凤之志，一举千里，非梧桐而不栖，非竹实而不食，鸣于朝阳，天下称其庆，志度气象，固自有殊也。”(《月波洞中记·仙济》)《离骚》曰：“凤鸟既受诒兮，恐高辛之先我。”据考证资料显示龙和凤代表着我们华夏民族中最古老的两支单元，即夏民族与殷民族。凤凰也曾经是商民族的始祖神。

又据《韩诗外传》：贺帝即位，宇内和平，未见凤凰，惟思其象，乃召天老（注：黄帝的臣子）而问之，曰：“凤象何如？”天老答曰：“夫凤象，鸿前麟后，蛇头而鱼尾，龙文而龟身，燕颔而鸡喙。”

《山海经·大荒西经》：“丹穴之山有鸟焉，其状如鸡，五彩而文，名曰凤皇。是鸟也，饮食自然，自歌自舞，见则天下安宁。”庄子云：“南方有鸟，其名为凤，所居积石千里，其树名琼枝，高百仞，以璆琳琅玕为实。”这里已经把凤凰与“积石”“璆琳”“琅玕”联系在了一起。《论语·子罕》：“凤鸟不至，河不出图，吾已矣乎！”

民间传闻中的凤凰，前半段像鸿雁，后半段像麒麟，它有蛇的颈项，鱼的尾巴，龙的文彩，乌龟的背脊，燕子的下巴，鸡的嘴。并赋予礼教内涵：首文曰德，翼文曰义，背文曰礼，膺文曰仁，腹文曰信。《说文》载：“五色备举，出于东方君子之国，翱翔四海之外，过昆仑，饮砥柱，濯羽弱水，莫宿丹穴。”在古代的中国，当黄河两岸尚可见到大象和犀牛的时候，是有过“五彩鸟”这种生物的，后来气候发生变化，才逐渐稀少以及绝迹了。这是一种形状像鸡，长着五色的羽毛，整个身体像是一只孔雀。甲骨文就刻画成形似孔雀的样子。

人类在茹毛饮血钻燧取火时，就对飞翔有着无限的向往，人们从蛇想到龙，从鸟想到凤，带着敬畏和惆怅，把它作为图腾标志，飞翔成了超自然、超现实、超人类的标志。神话故事作为原始人类早期的文化产物，正如马克思所讲：“是在人们幻想中，经过不自觉的艺术方式所加工过的自然界和社会形态。”自古以来，人类一直试图通过神话来揭示原始社会生命力与鸿蒙自然状态之间的一种抗争与默契。

俄罗斯碧玉摆件：凤（蚌埠南山古玩市场《云海阁》提供拍摄）

材质细腻润泽，系碧玉中的上好原料。雕工挥洒自如。通过线意表达动感，非常自然。复杂的层次和立体空间所营造的气氛，形成巨大的张力，使摆件向纵横扩展，充满了勃勃生机。

白玉仿古件：龙凤佩

用和田白玉仔料琢成，背面留有全皮块面，系近期苏州仿古件的力作之一。做工、打磨都很到位，但缺点新意。喜欢古玉的玩家值得收藏。

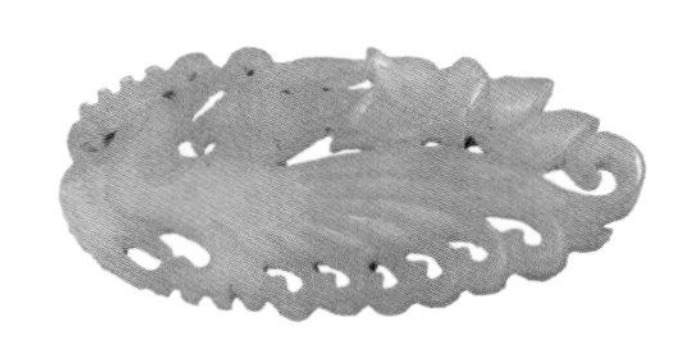

白玉双面雕挂件：凤穿牡丹

该旧玉挂件，呈灰白色泽，质干但无瑕疵。整体花片造型线条流畅，凤尾波纹形的轮廓和镂雕处由小渐大呈有序律动，层层推进，端庄华美，极具装饰效果。总体构图体现了雕琢者的情感、意志和出于对兴趣的追求。玉件所折出的是良诸源文化的风格与素养，结构严谨，儒雅含蓄。

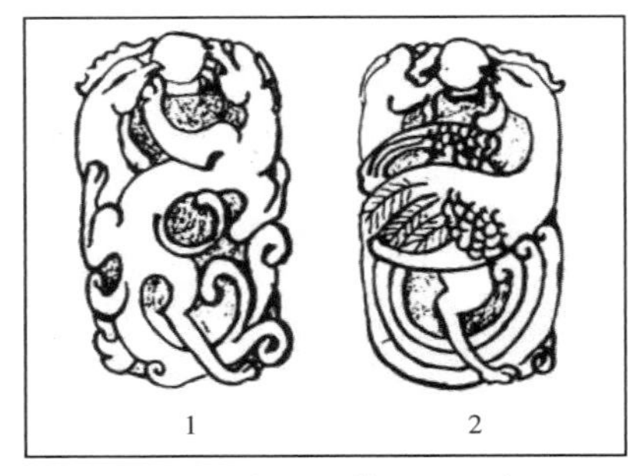

素描稿：1 龙凤呈祥　2 丹凤朝阳

凤凰在中国古代是封建皇权的象征，被视作不朽生命的吉祥鸟、神鸟，历来是美的化身和力的体现，反映在玉雕作品中就构成了独特的和谐结构。寻常可见的马，若能飞起来则成了“龙”。狮子具有翅，则不再是狮，而是“辟邪”“孤拔”了。若集中了所有鸟类的美丽与华贵，即成了我们心中的凤。凤的造型在殷商时代已经完成了，还将其分为雌雄。雄的叫凤，雌的叫凰。晋成公绥《啸赋》曰：“百兽率午耐抃足，凤凰来仪二拊翼。”《诗•大雅》曰：“凤凰鸣矣，于彼高岗，梧桐生矣，于彼朝阳。”有凤来仪，凤鸣朝阳的题材盖出于此。

龙与凤的形象塑造，我们可以从成语典故中窥见一斑。如：龙驹凤雏、龙眉凤目、龙蟠凤逸、龙跃凤鸣、凤鸣朝阳、龙飞凤舞……这些要领在玉雕题材中被广为应用。与凤有关的词藻还有凤冠、凤钗、凤阁、凤舆、凤藻、凤德、凤穴等，成为民众生活中吉祥如意、幸福美好的象征。凤的造型周围又往往伴有飘带、树纹、卷草纹、牡丹纹，向不同方向卷曲，使其更趋生动活泼、华丽丰满，充满了生活情趣和旺盛的生命力。在平面雕作品中用得最多的是镂空双面雕或浮雕形成的凤凰系列图案，如：龙凤呈祥、百鸟朝凤、凤穿牡丹、凤鸣朝阳等。

在封建皇朝时代，龙凤之争曾一度成为百姓茶余饭后的谈资。最著名的要数慈禧太后在位期间，紫禁城内凤在上龙在下的石刻地坪。武则天在洛阳造明堂，用九龙捧圆盖，顶上置一镀金的铁凤。《世说 · 凡鸟》一书中有则小故事与“凤”字有关，也蛮有趣的：“嵇康与吕安善，每一相思，千里命驾。安后来，值康不在，喜（嵇康之兄）出户延之，不入。题门上作‘凤’字而去。喜不觉，犹以为欣故作。”“凤”字，凡鸟也。凤在繁体字中，上为“凡”声符，下为“鸟”义符。吕安题“凤”，意在讥嵇喜为“凡鸟”，平庸之辈。

秦汉时凤凰已是“四灵”之一，造型简洁纤细，犹如锦鸡。唐宋时雍容华贵，伟岸鹤立，凤尾飘逸宽大。明清时冠部高耸，眼睛细长上翘，呈“丹凤眼”；尾羽定型为孔雀状，略带卷曲；两翼内侧翼羽夸张上扬，清逸孤傲。现代玉雕作品在塑造凤凰时基本定格在：头似锦鸡，身如鸳鸯，翅如大鹏，腿如仙鹤，嘴似鹦鹉，尾如孔雀，居百鸟和牡丹之中，花团锦簇。

金摆件：有凤来仪

传统题材的规范设计，强调的是它的装饰性图案和内在口彩寓意。系海派金摆件的经典之作，极具收藏价值。

三、外来狮子中国舞

狮子虽然不是我国土生土长的动物，但是作为艺术形象早已扎根历代民间文化艺术和民俗理念之中。舞狮，起源于南北朝，是我国民俗庆典中一项传统群体活动，至今仍经久不衰。狮子是汉通西域后由如今的阿富汗、伊朗等国遣使作为觐见我国帝王时的礼物，而得以引入中国。狮子亦称“扶拔”，视为百兽之长。今斯里兰卡盛产狮子，古书上称其为狮子国。相传清显等高僧到西域取经，路遇狮子，而狮却不噬。故狮子在佛教中把它尊为护法神灵，佛之所乘。它不再是威武凶猛的怪物，而是慈祥温顺的瑞兽。至东汉时狮子已多次输入我国，并通过神话传说、民间故事，不断地再生产自己的文化。

在惟有象征和语言才能表达其意义的场合，灵感与创造，神性与人性，同时享有某种程度上的同化。艺术途径为人们敞开了不竭的形式和潜能。我国雕塑艺术中，狮子成为生命力最旺盛、最受欢迎的品种之一。在波斯、印度织锦上的狮子图案，经由丝绸之路传入我国。但真正能见到狮子的人并不多，艺术家所雕刻的狮子已是通过丰富的想像力和极其夸张的手法，来提升它的亲和力和至高无上的权力。在玉雕中又进一步把它提炼为“龙愁，凤喜，狮子笑”的伦理范畴。“龙愁”象征着“父亲”，严肃多思，肩负不可推卸的责任。“凤喜”象征着“母亲”，丰满的羽翼，有着蔽荫天下的慈爱之心。而“狮子笑”，是无忧无虑、天真无邪的“儿子”的象征。三者的完美结合体现了世俗父、母、子为代表的家庭基本构成。

狮子的形象大量体现在浩大的石雕艺术作品中。据现存的石雕存世作品推断，早期石狮都是用来镇守陵墓的，如东汉时期山东嘉祥武氏祠石狮、四川芦山杨君墓石狮等，一直延续到南朝。北朝的狮子由于受佛教影响，大多出现在石窟造像中。唐代的狮子以守卫皇陵为天职。狮子的雕琢唯独在元朝时不再担任守陵镇墓的角色，而被作为建筑的一个组成部分推而广之。到了清代，狮子题材有了更广泛的应用，无论是陵墓、宫殿、园林、官府、寺庙还是民居，无不罗列狮子。近代更是借鉴了西洋雕塑的创作手法，形成了洋为中用的“中国狮”。

狮子的艺术造型顺着其沿革的脉络，大致上可分为这么几种类型。作为镇守陵墓的狮子，着重表现其威武、凶猛和强悍雄壮的精神状态。它头披猎鬃，劲健质朴，为立式行走状，用整块巨石雕凿而成，通过优美的弧线来体现从容不迫的动感和气势。雕刻上充分运用了浅刻与块体相结合的手法，即形体用大块面，而细部及结构则采用阴刻线条加以梳理，显得概括而洗练、浑厚而古朴，并善于用夸张但符合审美要求的形体比例来达到整体的和谐与装饰感，强调神似而不是形似。

白玉花片：前程滚滚

狮子滚绣球，也可喻为锦绣前程。玉件入过土，表面黄褐色土沁深入肌理，已难见本色。

白玉摆件：双狮（少狮、太狮）

至唐朝时狮子形制有了明显的改变：多用浮雕加以体现，守护于佛的左右，忠实履行护法的神圣职责。体形渐小，由威武豪迈转而温顺可爱。石雕、石窟形制的狮子尚停留在镇守、辟邪的早期形态，雄伟壮观，浑厚有力。观其造型已由立式演化为蹲踞式或俯卧状，轮廓呈金字塔，身躯高大饱满有张力，筋骨强健，具力拔山河的气势。这是和大唐盛世的兴隆繁荣、国富民强的精神面貌息息相关。丰满健硕、雍容华贵的审美标准指导了艺术作品的创作倾向。艺术家们都不再如实地塑造狮子。而是偏重于它的雄壮、稳重、屹立不拔，重在像与不像之间。狮子头上的勾卷鬃毛，是狮子最耀眼亮点，到唐代已完全成熟了。它的螺旋状勾卷是唐代“中国狮”的一个明显标志。在当时的佛教造像中，由于作为文殊菩萨的坐骑，狮子的雕刻达到了艺术顶峰，并形成了相应固定的模式。此种造型一直延续至今。

宋时，狮子的造型有过较大的改变，其形象变得嬉笑有余，威严不足，姿态肆意，倾向喜庆、吉祥，出现了母子嬉戏、雄狮抚幼、双狮持球等成双成对的格局，并有项饰铃铛、缨须、红绸、绶带、项链等吉祥附属物品。狮子的野性一面已被收敛，驯化成俯首帖耳、长于守而短于创的格调，系朝廷政局走向衰弱在艺术上的一种反映。

元代的狮子造型属于一种比较写实的风格。它在结构比例上十分准确，尤为注重其表现肌肉的起伏。当时铁铸狮子盛行，上海豫园内的一对铁狮、北京孔庙的驮莲铁狮，成为元代狮子的典范。不过，元狮在气质上仍留有温顺、驯化的痕迹，尽管形体上敦厚高大，但神态上仍为守候观坐。

明时，狮子造型不再局限于作为官府等级的标志，而在民间得以普及。除了守门狮外，还广泛应用于建筑领域，如门楣狮、照壁狮、牌楼狮、望柱狮、栏杆狮、桥柱狮、马桩狮、镇鼓狮、镇纸狮等。明代石狮虽有一定高度，但造型上修长挺拔，多采用蹲立状，通过绶带、绣球、幼狮等相关配置物与底座相连，并在某些部分采用了透雕形式使其更为灵动轻盈、活泼可爱。此时的狮子造型有了南北之分。北派主要流行于黄河以北，其造型特征为体魄健硕雄浑，四肢肌肉突现，眼睛呈蛋状，耳小后抿，披毛多为螺旋状乳钉纹，尾巴紧贴后背，呈火焰如意状。南派主要流行于广东、广西和福建、海南、台湾等省，其特征为头部大，身躯呈圆筒状，四肢短小，眼睛圆形外凸，耳朵大且直竖，鬃毛表现力更为细腻丰富，尾巴大而上扬，曲折自如。

清代，狮子造型出现了转变，主要由于功能上的突破，使其有了广阔的表现天地。人们用其装饰门楼，点缀园林，美化生活。苏州著名园林“狮子林”是其杰出的代表。清代狮子不拘一格。特别是狮子的台座变得格外精细锦簇，故有“铺锦”之称。艺术风格上承前启后，铜狮子造型也有了拓展的空间，像北京故宫太和门铜狮、云南昆明金殿铜狮，工艺精湛造型优雅。此期狮子大都采用蹲坐式体形，头顶满螺髻，无翼无纹，圆润秀美。

狮子因其“师”者，古称师子。其音与“施”“事”“嗣”“赐”相谐，在民间风行且朗朗上口。狮子的题材非常丰富，如双狮喻“事事如意”“太狮、少狮”（古时大官的称呼）；狮子滚绣球，示意“前程似锦，财源滚滚”；狮子护瓶为“事事平安”；狮子佩授带为“好事不断”；双狮、小狮为“子嗣昌盛”；五只狮子为“五子登科”。狮子还常和观音、文殊作伴，以祥云、蝙蝠、寿桃、如意萦绕，更有在坐狮后衬以一轮光环突出主题。同类型的还有骑狮、驭狮、青狮白象等。从汉魏到唐宋，狮子尚有不少别名，例如天鹿、符拔、麒麟。

插牌：事事如意（薛蓉华收藏）

双狮与如意为伍，系玉雕行业的传统口彩题材

狮子的造型要抓住“挺胸、收腰、抬臂”的特征。幼狮的特征可归纳为“三圆”：头圆、胸圆、尾尖圆。细节刻画突出五官：大头短额，

眼似铜铃，甩动的长耳，厚重的蒜鼻，宽阔见方的嘴形，露出稚牙和舌尖，充满笑意。结构比例上要突出身材短小，体积紧凑，团头团脑，稚拙可爱，躯干运动幅度拉大，头部、身体、尾巴几个块面向不同的角度扭转。通过装饰化处理的眉毛，披毛和蓬松的尾毛，来显现富于变化的情绪。大量的工艺品狮子造型，既有威猛凶悍之美，更有憨拙怜爱之趣。狮子是我国玉雕题材瑞兽中的经典之作，也是最为千姿百态的形象大使。中国的“舞狮”早已跨出国门，走向世界。

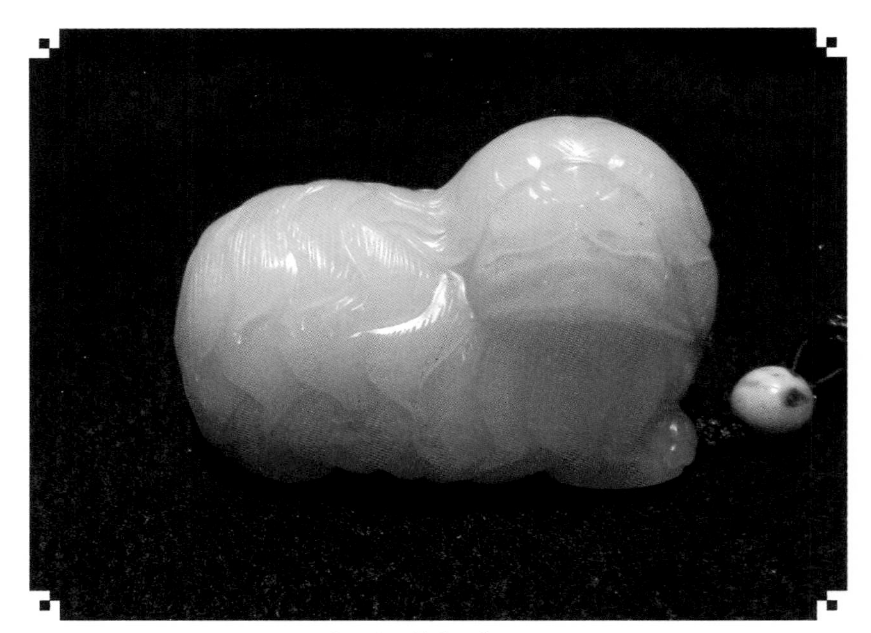

和田白玉挂件：狮子

四、金鸡报晓

“鸡，一名德禽，一名烛夜，雄能角胜，目能辟邪，其鸣也知时刻，其栖也知阴晴。”宋徽宗赵佶，画有《芙蓉锦鸡图》，画上方填有五言绝句一首：“秋劲拒霜盛，峨冠锦羽鸡，已知全五德，安逸胜凫鹥。”据说尧时，柢支国献来重明鸟，此鸟能辟邪除害、降妖伏魔，重明鸟一只眼睛里有两个瞳仁。所以叫“重明”，也叫“重华”。它的形状如鸡，鸣声像凤凰。百姓盼此鸟能光临自家，便用金属、玉石或木头刻成重明鸟样子于元日挂在门上，由于其状如鸡，后世遂演变成“画鸡”习俗。也有称此俗系女娲在七日中，每日造一生物的故事有关。正月初一是鸡日，初二是狗日，初三是羊日，初四是猪日，初五是牛日……遂将一年的第一天定为鸡日，并形成了贴鸡符的风俗。寓意金鸡报晓，居家大吉。宗懔《荆梦岁时记》说：“贴画鸡户上，悬苇索于其上，插桃符其傍，百鬼畏之。”之所以插桃符，是因为古人说那金鸡所栖的树，就是大桃树。

《神异经·东荒经》曰：“巨洋海中，升载海日，盖扶桑山有玉鸡。玉鸡鸣则金鸡鸣，金鸡鸣则石鸡鸣，石鸡鸣则天下之鸡悉鸣，潮水应之矣。”是鸡唤来了太阳，带来了光

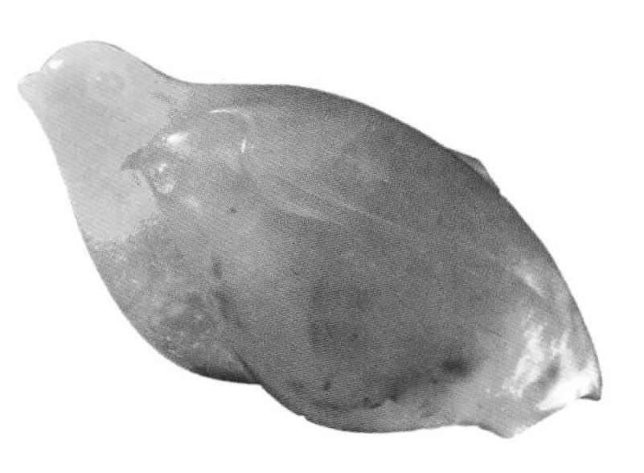

黄水晶摆件：一往情深（沈德盛作品）

翡翠摆件：宅上大吉农家乐（李俊平提供拍摄）

翡翠摆件：宅上大吉农家乐（背面）

农家院子布局井然，充满了生气、情趣。翠绿部分特别鲜艳出挑。鸡与鸡的遥相呼应，以及眼神直视远处虫子等细节的处理上均为雕琢者提炼自然景观、动静结合的精妙之处。它的安闲、静谧及天然的生态环境给久住城里的人们带来了一股清新的“农家乐”贴身感受。背面的断壁与硕大的顽石，在艺术处理上也很有表现力和立体感。大与小、圆与方、繁与简的强烈对比，在于形成一种凹凸起伏、横向交叉的纵深效果。艺术作品的真实只反映了外貌，而作品的内部真实却反映了一个时代的特征与灵魂。文明的尖锐崭露和思想的跳跃式骚动正迫使人们通过艺术作品来诠释回归自然、返朴归真的田园生活方式的一种急切向往与眷恋。

明、鸡成了太阳的化身。《三五历记》说："天地浑沌如鸡子，盘古生其中。万八千岁，天地开辟，阳清为天，阴浊为地。"鸡是创造生命的始祖。

"鸡"与"吉"谐音，在传统绘画、刺绣、剪纸、玉雕作品中被作为生命和阳性的象征。尤其在五月端午，孩子们都会佩上母亲缝制的鸡心形端午袋。"鸡心"与"记性"相谐，内装雄黄、艾叶、米粒、赤豆以辟邪祈福、寄托兴旺。人们之所以喜欢鸡，因为它有五德：首戴冠者，文也；足傅距者，武也；敌在前敢斗者，勇也；食得相告，义也；守夜不失时，信也。传统文化中也有说凤凰的原型是由鸡演化创作而成的。

流行于浙江金华、武义等地的有趣风俗认为，每年七月初七，若无雄鸡报晓，夫妻便能永不分离。陕西扶风一带流行带布鸡的风俗。长辈们用花布缝制小布鸡，给孩子带在胳膊上，能使孩子一年不生病。河北、山东等地婚姻习俗中，以长命鸡象征吉祥如意的聘物。临近新娶，男方备红公鸡一只，女方备肥母鸡一只。母鸡表示新娘为"吉人"，女方所备的鸡要由自己未成年的弟弟或其他男孩拖着，随花轿出发，并要在公鸡未啼鸣之前赶到男家，俗信公鸡还在睡觉，母鸡未睡，寓以气势压倒公鸡，今后不受男人欺侮之意。仡佬族民间娱乐活动有一项叫"母鸡采蛋"。在一个直径约 0.7 米的圈内，放置三块鸡蛋大小的圆石，玩时，由一人当母鸡护蛋，两手撑地，以两脚阻挡外圈的同伴"取蛋"，双脚不能碰及圆石，在规定的时间内得出胜负。上海也有一种叫"斗鸡"的体育活动，兼有游戏性质，可以一对一玩，也可以一伙人一起玩。我国古代民俗中，长期以来还有专门把发式做成鸡冠状顶在头上的。现代的时装表现和发型设计中，也经常采用头顶鸡冠的造型艺术。鸡的形象常与牡丹相伴，寓意"功名富贵"。金鸡踩石，寓意"室上大吉"。雄鸡引颈高歌，五只小鸡相伴，称为"教子成名"。源自三字经中的："窦燕山，有义方，教五子，名俱扬。"鸡是十二生肖挂件中形象最生动，最富精、气、神的生灵代表。再让你猜个谜语："一朵芙蓉头上戴，锦衣不用绸缎裁，虽说不是英雄汉，一叫千门万户开"。

20 世纪 80 年代初，上海玉石雕刻厂韩荣昌先生设计制作的"冠上加冠"玛瑙雕在全国玉雕评比中获鸟类产品第一名。鸡在外观造型上，可以用夸张的手法强调其影象效果，在局部刻划上则必须注重写实求真。夸张和写实的有机结合，更让人心往神驰。在细节的处理上，应将鸡冠的粗糙质感和胸部的圆润光亮形成鲜明对比。把鸡的眼睛做得略大，鸡嘴做宽厚，显示鸡嘴不仅啄食，还要用来报晓啼叫和格斗。上、下喙间挑出舌头，呈现公鸡伸颈啼叫的雄姿。爪趾作为整件产品的支撑点，在处理上尽量凌空，

鸡腿要粗壮有力，尾部适当加长，尾羽要舒展，来突显玉雕圆润、浑厚、丰满、玲珑剔透的要素。

提炼动物习性的精妙之处在于通过抽象整理达到神似形真，神和而全，不徒以形似为能。得神似易得形难，而神似又寓于外形的一举一动之中。在雕琢一群鸡时，则要体现它的氛围，互相呼应，静动相照。特别是巧色的运用要简约清纯，杂而不乱，方能以神取胜。

翡翠摆件：鸡（上海玉石雕刻厂设计制作）

五、马到功成

在中国人的心目中，马是人才的象征，是进步奋击的象征。龙“能飞在天”取源于马。马插上翅膀，马首马鬃化为龙头龙须，这是由马到龙的嬗变。“千里在胸中，四蹄雷雹去，谁能乘此物，超俗驾长空。”“天马徕兮从西极，经万里兮归有德，承灵威兮降外国，涉流沙兮四夷服。”（汉武帝《西极天马歌》）马为六畜之首，飞兽之神，早在四千多年前已被人类驯养。《西游记》中的孙悟空还当过“弼马温”呢。到御马监上任一看，哇噻！止有天马千匹，乃是：骅骝骐骥，騄駬纤离；龙媒紫燕，扶翼骕骦；駃騠银騉，騕袅飞黄；騊駼翻羽，赤兔超光；逾辉弥景，腾雾胜黄；追风绝地，飞翮奔霄；逸飘赤电，铜爵浮云；骢珑虎駠，绝尘紫鳞；四极大宛，八骏九逸，千里绝群——此等良马，一个个，嘶风逐电精神壮，踏雾登云气力长。

马善奔、日行千里，是我国远古神话中古老的神祇之一。《海内经》说：北方有钉灵国，其民从膝盖以下有毛，并长有一双马胫马蹄，日行三百里而疾于马。在罗马神话故事里也有半人半马的“怪物”，它的名字叫喀戎，是好猎手。从驯养的马到人面马身，人身马足，大

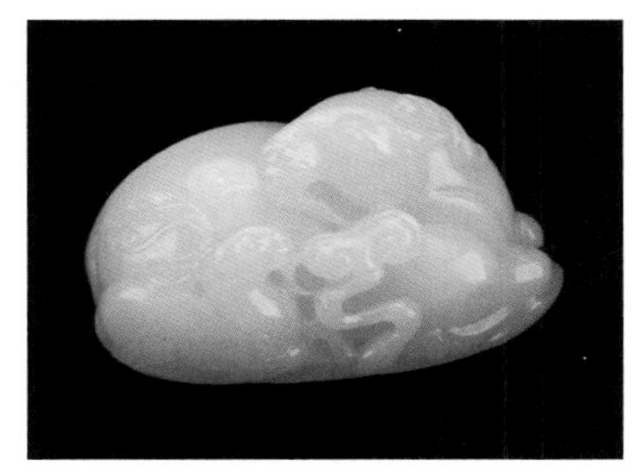

和田白玉摆件：卧马

白水晶摆件：奔腾（沈德盛作品）

通过扭转的块面和主体的S形造型的交叉、重叠，以及恰如其份的线条布局和骨骼肌肉的精心雕琢，骏马奔驰、腾跃的力度一气呵成，整体感扑面而来。在极光和亮光与柔光的辉映下，水晶所形成的流动光带在原料的平滑面上极为流畅舒展。如何使水晶内在的光芒实现质的美感和突现“有声有色”效果，并随着光影的转换，使之柔中带刚，刚柔并济，这是一个在技巧上比较难以驾驭的问题。大师就是大师，让作品说话。

漠中的先民依赖马匹为生，狩猎、打仗、运输……马被神化乃至人格化：“天行健，君子自强不息”。《服君辞》曰：“联雪隐天山，崩风荡河澳，朔障裂寒笳，冰原嘶代驸。”杜甫诗《老马》曰：“江汉思归客，乾坤一腐儒。片云天共远，永夜月同孤。落日心犹壮，秋风病欲苏，古来有老马，不必取长途。”老马的作用不在于疆野驰骋、跋涉万里，而在于经验丰富认识道路。“车辚辚，马啸啸，行人弓箭各在腰……”“此皆骑战一敌万，缟素漠漠开风沙。”勇猛威武的马驮着主人，出生入死，拼杀沙场，隐现了一条人马关系在战时休戚与共、生死攸关的发展线索。

《史记·项羽本纪》记载：公元前202年，项羽兵败垓下，兵疲粮尽，四面楚歌。于是举杯痛饮，慷慨悲歌：“力拔山兮气盖世，时不利兮骓不逝。骓不逝兮可奈何，虞兮虞兮奈若何？”在项羽的心目中马和爱妾均为心仪之物，难舍难分。临死前把他的坐骑赐予了乌江亭长。无论是两千年前汉砖画像中的马，还是后来文人笔下的马，大抵都是与理想中的贤者、隐士或英雄发生关联，成为一种当下具有审美意义的风骨诠释，及民族文化的自觉意识。

《易经·说卦传》曰："乾为马"是第一卦首。古代跑得最快、最久的是马，马是"健行不已"的象征。同样在十二生肖中龙蛇可以并称，龙马不仅可并称，尚可互动。龙马既指像马的龙，也指如龙的马。以马称龙的典故很多，像龙种、龙驹、龙媒、龙纹、龙子即为良马，甚而龙就是马。要不怎么容忍马随意盗用龙的名义呢？"天马行空"、"飞黄腾达"，天马、飞黄都是腾云驾雾的神龙。《尚书·大传》曰："王者有仁德，则龙马见。伏羲之世，龙马出河，遂则其文以画八卦。谓之河图也。"明太仆寺卿杨时乔，曾于万历二十二年（1594），撰就《马记》一书详细论述了养马法、相马法和疗马法，系揖录前人资料，并结合自己经验，成为较完备的一部马书。

在我国古代丰富的雕刻群中，骏马的形象并不罕见。1969 年甘肃出土了东汉青铜器奔马，1983 年我国旅游局确定以铜奔马作为中国旅游业的图形标记。铜奔马，亦称"马超龙雀"，也有叫做"马踏飞燕"。高 34.5 厘米，长 45 厘米，马头微左，昂首嘶鸣，体态丰腴，长尾打结飘起，三足腾空，右后足踏一飞鸟，惊回首，奋力展肢，全身的着力点只集于一足之上。在玉雕、青铜器工艺品方面二者融汇贯通各有千秋，在书画壁画中更是独领风骚，人们对马的宠爱可见一斑。如 1972 年在内蒙古和林格尔发现的东汉时期壁画《牧马图》，上部画有二乘二骑，下部绘六匹骄健的骏马，皆披鬃竖耳，昂颈挺胸而行。唐朝昭陵六骏，为世界闻名的古代雕塑艺术之一。上塑特勒骠、青骓、什伐赤、飒露紫、白蹄乌、卷毛六匹举世无双的神马。浮雕所体现的壮烈场景，代表了千军万马，籍以纪念李世民的战功。

历代著名的作品还有西周青铜器驹尊，战国陶瓷兵马俑和唐三彩站马，周代穆天子八骏（赤骥、盗骊、白义、逾轮、山子、渠黄、华骝、绿耳），汉代"飞马纹铜带饰"，上海有名的露香园顾绣《洗马图》，系明朝韩希孟所绣"宋元名迹"之一。作品通过针法的变化表现出马身的毛感，达到绘画的效果。马在近代著名画家徐悲鸿的笔下无不筋骨开张，神采飞扬，不可辔勒。徐悲鸿自述："速写稿不下千幅，并学过马的解剖，熟悉马之骨架，肌肉组织，夫然后详审其动态及神情，乃能有得。"徐悲鸿的《群马图》，霜蹄蹴踏，顾视清高，英姿飒爽，迴之生风，有着黑白

和田白玉子冈牌：千里走单骑
花骢会意，纵扬鞭，亦自行迟。

疾徐的节奏。

马在玉雕中的造型，主要是以写实为主。多数以画家的构图为蓝本，以古代的石雕、青铜器、陶瓷器、壁画等为造型素材，突出它的凛然风骨，英逸之气。“蹄势经鞭秋跌荡，鬃毛出跳风萧洒。”“君不见金粟堆前松柏里，龙媒去尽鸟呼风。”无论是奔走跨越、昂首嘶鸣、傲然独立或群情激荡，但一定是精神抖擞、奋发向上的。雕琢时务必将马的鬃、腮、嘴、臀略加夸张，体态矫健，神情威猛。在外型上要强调硕长，马身长者必善走，长则必高，四肢强健，筋肉紧裹，骨骼转折。登山的马，则要突出它的昆蹄趼（蹄平正），豪骭修（膝胫多长毛）。“肥马当空嘶”、“走马去如云”，高大、肥硕、精悍、神速，

阿富汗白玉摆件：横刀策马

义薄云天生紫烟，神驹奋蹄醉眼缬；
横刀策马飞须髯，驰骋归来汗如血。

玉质纯净，雕工细腻。整体轻舞飞扬又气壮山河。在重心的处理上与“马踏飞燕”有着异曲同工之妙。把关云长拖刀绝招和美髯的特征表现得淋漓尽致。是件不可多得的玉雕艺术精品。

白玉大型摆件：八骏图（安徽省世博会参展作品，安徽白玉堂珠宝玉器有限公司提供拍摄）

牙雕镶嵌摆件：马超龙雀

朱英翠组金盘陀，方瞳夹镜神光紫；
耸身直欲凌云霄，盘辟丹墀却闲頠。
（《元诗别裁集》周伯琦天马行应制作并序）

充满旺盛活力。

汉唐二代所称汗血马、胡马和秦汉以前的长嘴、细腰的马是截然不同的，汗血马产于大宛国，汉代流传至中国，一直延续到唐代，又称为沛艾马，是帝王、名将们专备的战马。汉代，除了大宛汗血马外，还通过丝绸之路，引进了乌孙马（又称天马、西极马。乌孙，今新疆伊犁河和前苏联伊塞克湖一带）。马是汉代艺术创作中的重要素材，塑造得比较瘦削高挑，头小颈长，腿特别细，腹部肥壮却不见臃肿，给人以矫健若飞扬、万里可横行的腾骧之威。简约的线条和拙朴的圆雕技术结合成生动的雄浑风格，森然古淡，拥雾生风。唐代的玉雕奔马则更注重在它的磅礴气势，胸围宽厚，躯干健硕，筋骨磊落。从汉朝到建国前，甘肃山丹县一直是大军马场。汗血马、乌孙马、大宛马的引进繁殖都曾在这里进行。汉武帝曾在河西等地设牧马苑36所，养马30余万匹。由此奠定了河西走廊作为皇家马苑的地位。

玉雕中白玉、玛瑙、碧玉、墨玉、岫玉等玉材来作为表现马的题材选用得比较多。软玉的色彩丰富，硬度适中，韧性较好，又具有油脂或脂状光泽，比较讨巧。

六、俯首甘为孺子牛

牛同我国古代劳动人民的生产活动和日常生活有着密切的关系。据《帝王世纪》载："炎帝神农氏人身牛首。"我国自古以农立国，东周已有耕牛，战国时大量开垦土地，牛耕被推而广之。牛作为耕畜，长期与人类为伴，勤勤恳恳，吃苦耐劳。"老牛亦解韶光贵，不待扬鞭自奋蹄。"唐代诗人元稹的《田家词》铿锵有声："牛咤咤，田确确，旱块敲牛蹄趵趵。"元代诗人胡天游《无牛叹》："荒畴万顷连陂陁，射耕无牛将奈何，老翁偻偻挟良耜，妇子并肩如橐駞。"宋时萧立之写有《春寒叹》："今年有田谁力种？恃牛为命牛亦冻，君不见邻翁八十不得死，昨夜哭牛如哭子。"这些脍炙人口的诗篇在民间广为传颂。

我国少数民族地区农历四月初八是壮族的传统节日——牛王节，又叫牛魂节或开秧节。人们采摘各种树叶煎成汁，与糯米放在一起烧成紫红色的"乌饭"，放上几块腊肉，先给牛吃，然后人才能吃。这天耕牛一律休息，禁止鞭打，让它们在野外度过节日。侗族则有"舞春牛"的习俗，每年立春日，用篾竹编成牛头糊上彩纸，再用皮革、棉布缝

黄玉摆件：舔犊情深（翟倚卫作品）

利用罕见的和田黄玉原料精心设计制作，两种色泽的巧工俏作干净利落。目前想要找到这样的原材料已很困难。作品长12.5厘米，宽9厘米，厚6厘米。

墨翠摆件：卧牛（长 28 厘米，宽 16 厘米，高 18 厘米。沈银根提供拍摄）
采用大块墨翠原料雕琢，乌黑油亮，熠熠生辉，有着很强的写实性。

制牛的身躯，一路舞动。跳着喜庆的舞蹈，说着吉利的言语，挨家挨户祝福有个好年景。汉族的“七巧节”在每年的农历七月七日，为牛郎织女相会的日子。上海地区习俗中也有一项“鞭春牛”的春耕文化活动，老农牵着水牛，牧童扬着竹笛，由持鞭人宣读“鞭春牛令”，意味着春天到了开始干农活了，也祈愿新的一年里风调雨顺，五谷丰登。相传该项活动起源于周朝的古老民俗民风。

长久以来牛在宗教习俗和艺术领域内均占有重要的地位。在尼泊尔，黄色母牛被国家定为国兽，印度教尊奉为“神牛”。我国的禅学中，四祖道信的弟子法融系统的禅学称为“牛头禅”。“牛任耕，理也者”，谓其文理可分析也，并把能事其事者谓牛事。“人类古文化的发祥地之一古波斯亚述王国的首都曾建有规模宏大的王宫大殿，它拥有高达 18 米的岩石百柱，大门由坚固的巨石砌成。两侧“有翼的人头牛身守护神”高达 4.21 米，置于拾阶之顶（作于公元前 8 世纪），与我国古代殿前的石兽有着类似的威严和震慑作用。守护神气势磅礴，体态矫健，错落的装饰纹刀法刚柔并蓄，线条转折清晰，而阴影浓烈的块面更是庄严肃穆。牛身竖起的羽翼，像一把张开的风帆紧贴两肋，既是华美的装饰，又是联想的翅膀。雕塑的正面是一位身征百战、所向无敌的老将，长髯垂于颏下。雕象最不可

墨玉子冈片：老牛贪吃不思归

笔者从桂林某珠宝玉器古玩店购得。玉件已久经盘玩，圆润熟旧。画面古意盎然，线条与块面的雕琢游刃有余，生辣老到，尤其是它的踏地平滑光亮，看不出一丝加工痕迹。人物与牛的神态，那种对峙的动感，清晰又极其简洁地呈现在了你的面前。

思议的是，牛身竟有五条腿，正面呈严正伫立的神态，而在侧面视觉范围内又不失四肢腾越的动势。稚拙的艺术处理，看似怪诞，实是千斤鼎力的牡牛身躯支撑的神来之笔。为什么不可能呢？我国玉雕擅长的题材“刘海戏金蟾”中，金蟾还是三条腿的呢！

1956年辽宁西丰曾出土西汉青铜制皮带扣“透雕双牛图”。双牛作相对伫立状，牛角、肩部、大腿及蹄均设有叶纹，边框饰长方形凹槽，是匈奴族皮腰带上的绞具。东汉时的随葬品中也发现有木牛车、铜牛车、陶牛车等各种造型的牛。1958年安徽寿县出土的“错银铜卧牛”，是战国时期精工雕琢的上乘之品。腹下有铭文“大府之器”。全身饰左右对称错银卷云纹，花纹线条流畅，装饰银光亮明洁。西夏时期杰出的青铜艺术作品“鎏

精白玉摆件：牛

黄水晶（发晶）摆件：顶牛（沈德盛作品）

漂亮的牛毛纹发晶，雕琢成一头牛，这样的创意似乎顺理成章，但要从整体着手形成一件艺术珍品，却又谈何容易。艺术家的构思是通过长时间的细心观察，来还它的本来面貌。乃需熟能生巧到一定程度，定神静心，无法为法，看准后才能轻松下手。雕琢者夙有“水晶尚元”的美誉，这样的潜能不是一朝一夕的功夫所能言语的。

金铜卧牛”，是神宗陵园中的殉葬品。通体鎏金，雕工精湛，造型优美。铜牛体积庞大，无疑增加了铜牛抹上金泥后的烘烤难度。据测鎏金厚度约2毫米，可与同期的北宋工艺媲美。1959年山西平陆枣园出土有西汉“牛耕图壁画”及西汉木牛犁模型。陕西、山东、江苏、内蒙古等地出土的东汉耕牛壁画画像均为我国早期的牛耕图案。尝画山泽耕牛之壮，穷其野性筋骨之妙，唐朝韩滉《五牛图》，或俯首拾草，或翘首而驰，或耸立而鸣，或回顾喘息，或缓步跂行。性情各异，神态横溢，整个风格浑厚朴实隽秀简劲，被元代赵孟頫称为“稀世名笔”。

牛在玉雕作品中屡见不鲜，更是十二生肖中形象最为逼真的玉件常规产品。牛的形象在玉雕作品中，设计时首先要突出牛的弯角、大耳、长鼻梁等几个特征，脚下趾端有蹄，尾巴尖端有长毛，身体大，三四趾特别发达。据考古发掘表明，牛的形态基本上万变不离其宗，形散神不散。我们常见的牛，它包括水牛、黄牛、奶牛、牦牛、野牛等种类。甲骨文中的“牛”字就像一幅抽象画。据专家考证，两只弯的牛角，应是黄牛角，而不是水牛角。这倒印证了上海地区流行的一句俗语：“黄牛角，水牛角，各归各。”鲁迅先生的名句“横眉冷对千夫指，俯首甘为孺子牛”已成为许多人的座右铭。笔者曾经想配合股民喜好“牛市”的心态，邀请河南镇平县玉雕企业批量生产玛瑙猛牛形象。玛瑙料可以找，也可以雕琢出来，但要烧成鲜红颜色，由于料头大，一直没烧成功。哪怕把牛肚掏空了烧，一旦冷却过后，裂隙就出现了，还未找到解决方法。

七、貔貅

貔貅古时又称“执夷”，说它似虎似熊，辽东谓之白熊。早期的古书中也有说成是白狐或狸猫的。古代风水学则流传貔貅可化解各种煞气，是专食猛兽邪灵的神兽。貔貅也可写成“狴貅”。再简单点写成沪语的读音“皮休”、“皮肖”。据《史记》记载：“（皇帝）教熊、罴、貔、貅、驱、虎以予炎帝战于阪泉之野。”此六兽实为六个氏族的图腾。因貔貅曾助炎、黄二帝征战有功，被皇帝赐封为“天禄”（意谓天赐福禄）。事后，又作为皇

翡翠摆件：貔貅（长 35 厘米，高 28 厘米，厚 8 厘米）

材料较为一般，但雕工却很到位。貔貅的演化成型特征无一遗漏，对传承玉文化作了充分的诠释，是件不可多得的实物教材。

和田白玉挂件：貔貅

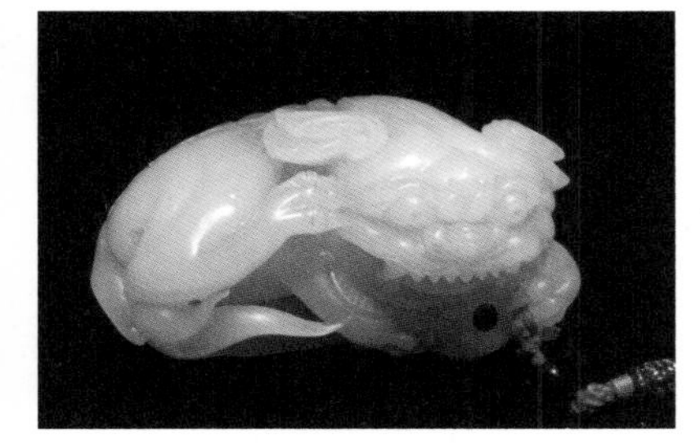

白玉握件：貔貅

族的象征，专为皇帝守护财宝，称为“帝宝”。现代人视它为纳财、吸财、招财之神兽瑞兽，可辟邪挡恶。转祸为福，也就干脆叫做“辟邪”。

自古以来貔貅一直以猛兽善战的形象出现在各种场合。《礼记•典礼上》记载：“前有挚兽，则载貔貅。”战车旌旗猎猎，旗帜上画有威猛的貔貅，既是军旗的形象，又提醒士兵随时严阵以待。又《晋书•熊远传》：“命貔貅之士，鸣檄前驱。”这里又将它喻为勇敢的将士。貔貅原是两个氏族的图腾，继而演化为骁勇善战的象征。宋孝宗隆兴二年（公元1164年）金兵从清河口入淮，宋人要放弃淮河，退保长江，结果割地买和。其时有诗人叹曰：“……天意诚难测，人言果有不，便令江汉竭，未压虎狼求。独下伤时泪，谁陈活国谋？君王自神武，况乃富貔貅！”

貔貅的典型造型可以是龙头、鹿耳、羊角、狮身、凤尾、虎爪并且可以有众多的变异。但共同的特点乃是嘴大、腹大、臀大，有屁股没肛门，只吃不拉。嘴大吃四方；腹大量大揽八方之财；臀大稳坐江山，镇宅避灾。它专为主人聚财掌财，只进不出，只赢不输。

辟邪似狮而带翼，最早出现于汉代，南朝时甚为流行。辟邪与天禄（貔貅）现已视为一体。独角的叫天禄，双角的叫辟邪。天禄作跳跃状，辟邪作半卧半起伏。辟邪一般作成摆件或握件，多呈圆雕形，昂首挺胸，双眼前视暴突，张口露齿，头部两侧有耳，大而下垂，顶上有角，颔下长须垂于胸前，长尾卷曲呈火焰状，前足生有翼翅。天禄塑成独角兽的造型，大都做成大型石雕群像，镇宇守屋，威严肃然。市场上目前用翡翠、白玉做成的貔貅一般都呈圆雕型可挂在腰襻上把玩。也有小颗粒各种宝石材料雕成的微型小件，供女士们挂在手机或手袋、背包上招摇过市。较大的块料则做成摆件，配上红木底座供观赏。

俄罗斯碧玉：天禄

八、子嗣昌盛

大量的玉雕口彩题材，图必有意，意必吉祥。口彩所寄托的含义多种多样，借物寓意，谐音隐喻，它以丰富的联想，将无关联的事与物和谐地结合在一起，使传统的愿望有了积极进取的现实意义。我国历来以农为本，子嗣昌盛意味着香火的延续和劳动生产有了足够的储备劳力。故在玉器题材方面，四季花、长青草、仙果瑞木、嘉谷祥禾的表现极为丰富。

翡翠摆件：榴开百子

糯种翡翠的原石，拥有绿、紫、黄三种不同的色泽，在业内称其为“福、禄、寿”种质。雕琢虚实共享，花盛叶茂，果实累累，饱满稳重，寓意贴切。这样的大件没有一定的造诣不敢上手。

1．石榴

翡翠摆件：枯木逢春

冰种翡翠原石，浓绿满色。因材制宜，整根树干上挂满了藤蔓花朵和果实，剔除一切杂质、杂色，青翠欲滴。

又名丹若、若榴、涂林。古代称安石榴、海石榴。是汉代张骞出使西域从安息（今伊朗高原东北部）带回的种子，故称安石榴。东晋隆安年间，武陵临沅县（今湖南常德地区）便盛产石榴。据史料记载：后赵国君石虎在定都邺（今河南临漳西南）后，曾在御苑中普栽石榴。北朝齐国安德王延宗纳妃时，王妃的母亲在其上门时将两只石榴置于王前。王问诸人，均莫知其意。有大臣魏收解释道："石榴多子，王新婚，妃母祝子孙众多。"帝大喜。石榴作为多子的象征，在民间已有1 500年的历史了。《酉阳杂俎》载：南诏的石榴子大皮薄，不仅果实味甘，每逢五月开花，一片鲜红粉白，是赏景的好去处，石榴以云南产为上佳。《大唐西域记》说："屈支国（古西域城名，在今新疆库车县一带），东西千余里，南北六百余里，国大都城周十七八里，宜黍，麦，有粳稻，出葡萄，石榴……"石榴在汉唐二代被称为"天下之奇树，九洲之名果"。唐时的石榴业经大食（古阿拉伯帝国）、勿斯离（今伊拉克北部摩苏尔一带）等地引入我国后普遍加以种植。宋时苏州沧浪亭主人苏舜钦曾写过一首《夏意》："别院深深夏席清，石榴开遍透簾明。树荫满地日当午，梦觉流莺时一声。"可见石榴在我国的种植面已相当广了。其在玉雕题材上的应运大约始于唐朝盛于明清。清末民国初时已遍地开花。以石榴为题的口彩有：福寿多子、早生贵子、喜笑颜开等。河南豫北地区旧俗每年的阴历七月六日晚"乞巧节"前夕，村里的姑娘凑满七人，摘采葡萄、石榴、枣、桃、西瓜等七种水果，还包上七碗饺子……进行一系列的仪式，以乞赐巧。建国前上海流行订婚时聘礼中以石榴相赠或备有石榴花盒。新婚之夜在衣内藏石榴，祈求香火传接。

2．葡萄

古称蒲桃、蒲萄，其中文发音是由希腊文发音演变而来。葡萄原产于波斯（今伊朗），公元前四世纪已流入欧洲，我国则由张骞从大宛国引进。汉代时陕西、甘肃、内蒙古等地开始种植，到晋代又拓展至新疆等地。北魏时中原地区也开始种植。《洛阳伽蓝记》记载：洛阳白马寺内种植的葡萄“实伟于枣”，比枣子的颗粒还大。“味殊美，冠于中京（洛阳）”。每逢葡萄收获时，帝王“常旨取之，或复赐宫人。宫人得之，转饷亲戚，以为奇味。”在山西大同云冈石窟中，我们已可见到手持葡萄的神佛形象。唐高宗远征高昌（今新疆吐鲁番），将当地的牛奶葡萄带回长安，在宫廷园苑中栽植，还将葡萄珍品赠赐给群臣，并声称葡萄能“益气强志，令人肥健，延年轻身”(《太平御览》)。葡萄是酿制佳酒的上好原料，“葡萄美酒夜光杯，欲饮琵琶马上催”。杨贵妃所饮葡萄美酒来自西凉州（今甘肃永昌），其色浓烈，味美甘甜。葡萄作为常用的装饰图案，源于西域等地的手工艺品，在玉雕题材中的广泛应用反映了中外交流的频繁历史和当时帝王的生活状态。葡萄在旧俗中表示了五谷不损，象征丰收、富裕、高贵，成串集束寓意“多多益善，果实累累”。在玉雕题材中，葡萄图形以枝蔓缠绕、颗粒饱满、晶莹欲滴的写实风格为主。尤其是利用翡翠的紫色和红色雕成巧色

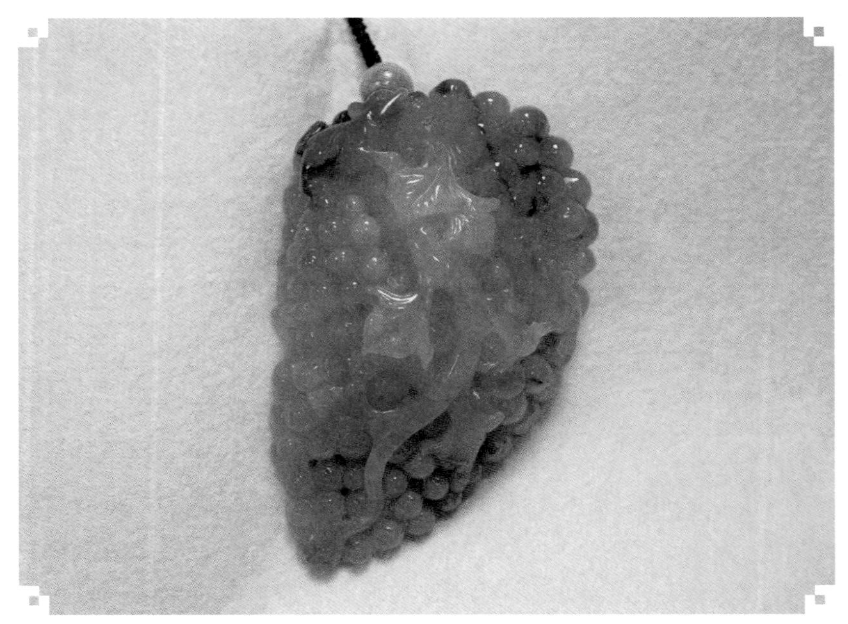

翡翠葡萄：果实累累

葡萄更是鲜艳夺目。在摆件方面，玉雕将其用于局部点缀和组合比较多，主要还是利用玉料的本色进行巧雕。葡萄色彩发挥得淋漓尽致的要数青田石刻和寿山石雕，在玉器方面独山玉用得比较多。挂件、握件等琢磨主要是突出“多子”的寓意。我国贺兰山脉的笔架山产有一种半透明带有七彩复合色调的葡萄状玉髓，属天然原生奇石，在明末清初时已有开采。葡萄玉髓只是其结晶体犹如葡萄外观而赐名。

3．葫芦

别称蒲芦、扁蒲、夜开花。其果实因品种不同而形态各异，其分类有大葫芦、亚腰葫芦、扁圆葫芦、长柄葫芦、大棒葫芦。为一年生攀援草本植物。民间俚语中素有“结什么葫芦做什么瓢”、“葫芦里卖的什么药”、“照葫芦画瓢”、“按下葫芦浮起瓢”等说法。葫芦在我国的栽培历史可上溯至远古开始有畜牧业的伏羲与太白皋时代，早于春秋时期。而从诗经记载算起，也应有2 000多年历史。广西苗瑶少数民族地区流传着这样的传说：混沌初开时，一场滔天洪水盖地袭来，为了拯救曾帮助过他的两个孩子，雷公拔下自己的一颗牙齿，让他们赶快拿去种在土里，如果遭到灾情，就躲到所结的果实中。兄妹俩果然借助所结的葫芦幸存了下来。原来两人没有姓名，因为是从葫芦中存活下来的，所以称其为“伏羲”。男孩叫伏羲哥，女孩叫伏羲妹，就是“葫芦哥哥”、“葫芦妹妹”的意思。闻一多《伏羲考》谓：“伏羲”即“匏”，也就是葫芦；“女娲”即“女葫芦”，盖缘此神话说。

白玉（旧）挂件：福禄双全

二只葫芦相依相偎，互为支撑，大小造型稍有变化。大葫芦口上有一大孔，一贯到底，真不知“葫芦里卖的什么药”，是否顶部还有另外的衔接物，不得其解。

葫芦的用途较广，既可食用，又可入药；是舀水、盛酒的日用器具，亦是郎中装药的罐子。葫芦是民族乐器中“葫芦丝”，“竽”，“笙”的主要制作材料。《博雅释乐》：“笙以匏为主，十三管，管在左方。”笙的形状像凤鸟的尾巴，有十三根管子，插入半截葫芦内，管子底端的发声薄片就叫“簧”。《中华古今注》：“问曰上古音乐未和，而独制笙簧，其义云何？答曰：女娲伏羲妹人之生而制其乐以为发生之象。”笙之作是为了人类的繁

素描稿葫芦

原稿系按外贸来料加工制作时设计，原料上的绺裂先行勾勒，剔除脏、僵杂处，依形透雕镂空做成枝蔓，整体原料“强予不夺”。面上的叶片要求卷曲翻转，还不能扎手。

翡翠挂件：童子戏莲

衍滋生。明代都印在《三余赘笔》中说：“北人以鹁鸽贮葫芦中，悬之柳上，弯弓射之。矢中葫芦，鸽辄飞出，以飞之高下为胜负。往往会于清明端午日，名曰射柳。”这是葫芦的又一别用，民俗游戏一则。葫芦是大吉大利、多子多孙的象征，亦是仙家八宝之一。

葫芦雕，是民间喜闻乐见的手工艺品精粹之一。葫芦谐音为“护禄”、“福禄”、“俸禄”，是玉雕挂佩件中常见的主要题材。玉雕摆件中炉瓶造型很多采用了葫芦的形态，可以是圆的也可以是扁的，称为“葫芦瓶”。神话题材“宝葫芦”在民间很受欢迎，并把它搬上了银幕和戏剧舞台。古代夫妻入洞房饮“合卺酒”，“卺”也即葫芦，其意为夫妻百年后灵魂可合体。古人视之为求吉护身、辟邪祛祟的吉祥物，喻意福禄绵长，子孙万代。

九、莲荷图案

莲花古名芙蓉、荷花、泽芝、水芝。花未开时称菡萏，盛开后称芙蓉。莲花包括荷花和莲蓬两部分，荷为荷花荷叶，莲为蓬中之实，其茎为藕。莲藕可生食，亦可入药。莲花为古印度国花，被佛教奉为严净香妙的象征。北宋理学大师周敦颐在《爱莲说》中极为赞赏荷花迎骄阳而不畏，出污泥而不染的品质："予独爱莲之出污泥而不染，濯清莲而不妖，中通外直，不蔓不枝，香远益清，亭亭静植……""接天莲叶无穷碧，映日荷花别样红。"硕长的梗茎托起满池的圆叶，粉红雪白的花朵，竞相吐蕊，绽放娇艳清新挺拔，暗香浮动一层不染。茎叶脉络相通，虚心向上，其非凡的神韵，为它带来花中君子的美称。诗经中就有"波泽之陂，有蒲有荷"的记载。朱自清的《荷塘月色》更是脍炙人口的佳作。

黄水晶摆件：小荷初露（中间磨砂部分系一对童男童女）

《拾遗记》说："有石蕖青色，坚而甚轻，从风靡靡，覆其波上，一茎百叶，千年一花。"这是种长在西方大沙漠（洹流）流沙上的植物：石荷花。既坚硬又轻巧，一条茎干上足有一百片叶子，一千年才

开一朵花。叶子也是青绿的颜色，随风摇摆，露在流沙的沙面上，非常美。同样生长于亚马逊河底黏稠淤泥里的亚马逊睡莲，茎部为了伸出河面竟可高达近10米，一旦伸出便停止长高，并长出一些带刺的圆形叶片，在短短的数小时内，叶芽便可生长成一片片长达两米的叶子，并卷曲其巨大叶子的边缘，防止下沉。睡莲开放白色的花朵，由白色的甲虫为它们传授花粉，怒放的花朵翩后会渐变为粉色。

白玉摆件：哪咤闹海（莲花童子）

哪吒，是玉皇大帝手下的大罗汉，身长六尺，三头六臂，能呼风唤雨，脚踏风火轮，手持乾坤圈，奉玉帝圣旨下凡，托胎于托塔李天王（李靖）之妻，生而神异，出生五日（或谓三朝）即浴于东海，搅得龙宫摇荡，无意中射杀矶娘娘之子，惹出许多麻烦。

一切神话，是在想象之中，借想象之力，去融入自然，抗衡自然，并给一切自然立以形象化的东西。没有丰富的想象，没有无边的幻化，就没有玉雕的明天。

哪吒的故事在《三教搜神大全》、《五灯会元》、《封神演义》等古籍中均有记述，吴承恩的《西游记》更是把“哪吒闹海”的故事渲染得家喻户晓。小时候看完动画片回来，常在弄堂里把滚铁环的“像生”幻化成红缨枪和乾坤圈轮得不亦乐乎。

在玉雕作品中，哪吒的形象也有称作“莲花童子”的，系根据哪吒乃“割肉还母，剔骨还父”之后，佛祖用碧藕为躯，荷叶为衣，使之复生的传说。该作品环境衬托主题，人物形象呼之欲出。镂雕技艺娴熟，难能可贵的是利用和田白玉籽料上鲜有的洒金皮原色，琢成哪吒手中的道具，并使其处于画面的凌空位置，就这一点睛之术，使摆件的附加值骤然增加不少。

在玉器传统口彩题材中的莲藕比比皆是：翩翩的荷叶隐喻家（佳）和（荷）万事兴；莲花鲤鱼喻连（莲）年有余（鱼），获利有余；童子戏莲喻连生贵子；如意柄莲花灯喻连登如意；一莲一鹭喻一路连科；鸳鸯荷藕喻鸳鸯佳偶；莲蓬、荷花、荷叶、藕的组合喻巧连合偶；荷花配锦盒为和合图。在摆件方面，“执荷童子”、“和合二仙”的题材比较普及。《东京梦华录》卷八载：“七夕前三五日，车马盈市，罗绮满街，旋折未开荷花，都人假作双头莲，取玩一时，提携而归。”在民间，哪吒被称为“莲花童子”。

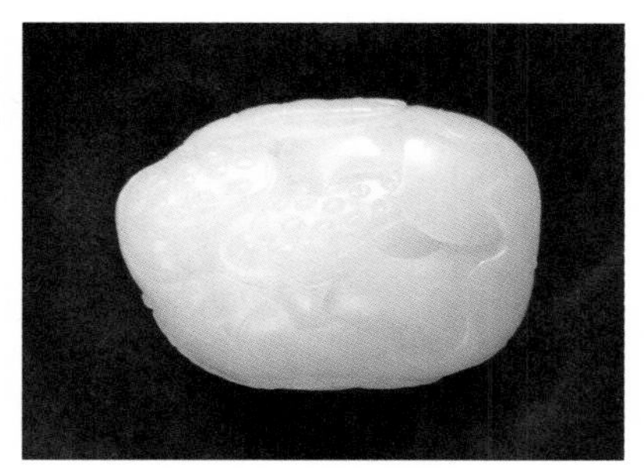

羊脂白玉握件：巧莲合藕

隋唐时期，佛教的传入与盛行使莲花纹样得到了较大的发展。据佛经言，释迦牟尼生而能走能言，向东南西北各走七步，地上便涌出二十八朵莲花。云冈石窟中可鉴的莲荷纹样已不下几十种，甚至开创了以仰莲为柱础的建筑风格。坛台柱础四周往往雕有莲纹莲瓣，依莲蒂的位置又可分复莲（垂莲）和仰莲（立莲）两种。附属的雕刻纹有覆盆莲花、铺地莲花、宝装莲花、仰覆莲花等形式。在敦煌石窟中的藻井、龛楣等处也以莲荷为主要装饰纹样。佛像皆以莲台为底座，故名莲花座。唐《诸经要集》说：“故十方诸佛，同出于淤泥之浊，三身正觉，俱坐于莲台之上。”弥陀之净土以莲花所居，作为净土的象征，可见其在佛教上的神圣意义。

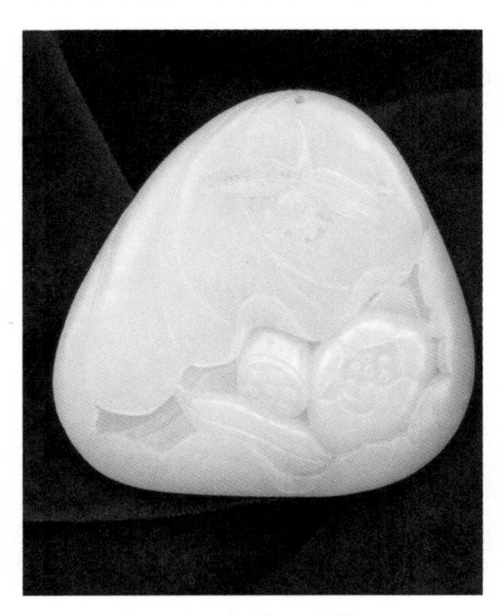

和田白玉摆件：并蒂同心

历代装饰纹样中，产生了许多恢宏的莲荷图案。人民大会堂的穹顶，据说就是当年周恩来总理受到龙门石窟莲花顶的启示而设计的。上海河南路广东路口的威斯汀大酒店楼顶挑空的外型装饰即为莲花造型的变异，与龙门石窟云华洞中胁侍菩萨莲花瓣组成的华丽冠饰极为相似。它在城市的上空勾画出标志性的轮廓线，傍晚迎着夕阳的余晖庄重华丽，华灯初上时又是另一番景象：穿梭摇曳的探照灯柱在一洗

如碧的星光帷幕下，把放着黄光的“莲花”徐徐推向前台，为夜上海增添了浓烈的一抹色彩。它只是表现艺术，建筑的艺术、现代与古典的艺术，而不是题材本身。

据资料显示，唐代在金银器上应用莲花图案已达到了炉火纯青的顶峰。如刻花金碗，器身饰乳钉地纹，腹部捶出两层莲瓣，莲瓣内以阴线刻鸳鸯、鸭子、鹦鹉、鹿及卷叶花纹。又如“錾刻花鸟莲瓣纹高足银杯”，莲瓣式高足，通体布满流云、花鸟、树林、山水花纹。明代“透雕荷叶螳螂犀角杯”更是巧夺天工：雕成折枝荷叶状，荷叶舒展成侈口，荷梗与荷叶口弯曲向下，直至杯底镂成杯把，杯中盛酒时可顺荷梗流出；杯外雕荷叶两朵，蕊中可见莲房，杯中莲梗上雕一螳螂，设计构思极为精巧，实为难得的莲荷题材佳作。现代大型塑像九华山地藏菩萨铜像，像高 99 米，仅莲花座造价估算为 9 千万元人民币。

在平面雕刻挂件中，花草题材是苏帮最拿手的品种之一。荷叶的变化既有正反面转折迂回之别，又有新与老、破与全的描写。如果皮色用得好还可表现其苍古离奇的枯笔效果，尚可表现陆游“一片风光谁画得，红蜻蜓点绿荷心”的俏色效果。荷莲玉雕摆件题材的口彩包括“一品清廉”、“并蒂同心”、“因荷得藕”、“本固枝荣”等。

翡翠摆件：本固枝荣

十、灵芝与如意

灵芝，又称灵芝草，被誉为仙草、瑞草，乃天地精气所致。道家更推崇为贯通神明的灵丹妙药，食之可长生不老，起死回生。史书中灵芝的描述还往往把统治者的圣明贤德和生发祥瑞联系在一起，说成是“王者德至草木则灵芝生”、“王者德至则芝实茂”。民间则将灵芝演化成“如意”。如意也有把它称作“执友”、“握君”的，常拿在手中做谈柄，防不测，当权杖，示恭谦，表心意。《酉阳杂俎》引胡综《博物》说：孙权时掘得铜匣，长二尺七寸，以琉璃为盖，又一白玉如意，所执处皆刻龙虎及蝉形，莫能识其由，使人问胡综，综曰：“昔秦皇以金陵有天子气，平诸山阜，处处辄埋宝物，以当王气，此盖是乎。”这是较早有关如意的记载。说明魏晋南北朝时已有如意一说。如意一词出自梵语“阿娜律”，最初应该是一种日常用品，此后逐渐演变成寓意吉祥的玉雕工艺品，成为艺术创作的常规题材。“向壁悬如意，当帘阅角巾。”据《音义指归》说：“如意古之爪杖也，或骨、角、竹、木，削作人指爪，柄可三尺许。或脊有痒手所不到，用以搔抓，如人之意。然释流以文殊亦执之，岂欲搔痒耶？盖讲僧尚执之，私记节文祝词于柄，以备忽忘，手执目对如人之意，凡两意耳。”依此说法，如意是古人用来拿在手上指引方

羊脂白玉握件：如意童子（黄色皮张部分为灵芝造型）

向和预防不测的。用天然树枝、竹鞭，拗成一定造型，打磨光亮。其柄端做成手指状，相当于“搔痒婆”，一物两用。后来又演变为柄端为心形的，顶端如意头可作记文，是古时候记事用的手持物，也叫“朝笏”、“手板”，功能有点像如今提示内容的卡片。

如意也是佛具之一，最初原型结合灵芝的头部，稍呈弯曲回头之状，被人赋予了“回头即如意”的吉祥寓意。清朝时，用途上又有了新的变化，成了应时的礼品。人们在如意头上大量雕琢有仙草瑞果、飞禽走兽或心形、葵瓣、云头、莲花等装饰纹样，使其装饰性越来越强，最终成了置于案头的观赏件。如意是文殊手中的佛品，也是福禄寿三星福星手中的吉祥物。这是一种直柄的如意头，叫天官式如意。另一种是将如意头完全做成灵芝式样，头和柄之间距离较短，称为灵芝式。还有种形制就是做成三片瓦形薄片，可以是玉的，也可以是象牙或其他材料制作，镶在木质底托上，考究的用红木，还要在上面镶金嵌银丝。其相应口彩有“福寿吉祥”、“太平有象”、“八仙如意”等。所镶玉片可充分发挥玉工的高超技艺，有透雕、浮雕、镂雕、素身，也有在玉上再镶嵌各种有色宝石的。由于不必用大块

翡翠摆件：灵芝（《正和玉堂》沈银根提供拍摄）

碧玉摆件：福禄寿如意

翡翠挂件：人生如意

的料来作整件雕琢，便可面向大众在民间流行。如果用整块玉料做成如意，就称作“天然如意”。如意用作赠物，在清朝相当流行，尚可“如人之意”。据说和珅遭抄家时，清单中有白玉九如意 387 个（九只装成一盒，称九如意，讨口彩长久如意）、嵌玉如意 1 018 个、整玉如意 120 余枝。

灵芝自明清以来广泛用于创作题材。以灵芝、水仙、竹菊为图案，意蕴“灵仙祝寿”；以天竺、水仙、绶带鸟为图案的称“天仙拱寿”；以蝙蝠、灵芝、寿桃组成的称“福祉心灵”；双羊口含灵芝为“样样如意”；毛笔、银锭、灵芝为“必定如意”；谷穗、麦穗、灵芝为“岁岁如意”；瓶上饰如意花或瓶、鹌鹑、灵芝组合为“平安如意”。目前大量的玉雕花草件当中少不了灵芝题材，一方面“千年灵芝”寓意长寿，另一方面也是玉材若有皮色处则可因材制宜，突出俏色，一举两得。

十一、蝉

蝉，又叫知了，书面用语写成“蜩蟟”，上海闲话叫“鸦乌子”。“五月鸣蜩”，蜩是蝉的别称。雄蝉腹部有发生器，雌蝉没有。蝉蜕入药可起到清热镇静的作用。其性生，涅而不缁。其志洁，故称物芳。其行廉，故死而不容自疎。烈日炎炎的盛夏午后，绿阴匝地的高大乔木丛中，河岸边垂柳的树梢叶尖上，此起彼伏的尖锐长鸣，仿佛在炽热颤抖的空气中，灌注了几分清凉与禅意。“蝉翼为重，千钧为轻，黄钟毁弃，瓦釜雷鸣。”(《楚辞·卜居》)“雨过一蝉噪，飘萧松桂秋。”“依仗柴门外，临风听暮蝉。”诗为禅客添花锦，蝉是诗家切玉刀。诗人以禅宗的思辨之美来观察世界，以静闻动，以静观动，蝉的高枝长鸣，成了极富诗意的田园行云。在佛教中蝉与禅谐音，禅即“静虑”，这是种参禅入定的境界。安住一心，淡定思考，使身心得到平静或体悟特定的行为过程，最终达到物我两意。“禅”不仅是一种宗教，也是一种哲学、一种美学。佛教推崇“思维修”、“弃恶”，可能蝉就是禅的原始偈语。“立尽神疲无能

白玉挂件：蝉

这是一个白玉“勒子”状的蝉，构思也很奇特。圆柱形中间钻有一小孔贯穿其间，在圆柱体上端勾勒出两个圆形眼圈，正面看是圆弧形蝉的双眼，转180度还是半圆形蝉的双眼。整件作品的蝉身犹如两片护膝套模样。数一数相拥相抱的两只蝉一共用了六刀，加上两只眼圈正好是八刀。这是某种巧合偶尔为之，还是“汉八刀”在勒子蝉身的刻意追求就不得而知了。

觅，但闻枫树晚蝉吟。”

齐文化蝉的典故一则中说道：“昔齐后忿而死，尸变为蝉，登庭树嘒唳厕久。王悔恨，故世名蝉为齐女焉。”那化作秋蝉的齐女，就在这宫闱里，不歇地唱着她的怨和恨。轻翻柳陌，余音更苦，甚独抱清商，顿成凄楚。唐末诗人李商隐也写过一首《蝉》：“本以高难饱，徒劳恨费声。五更疏欲断，一树碧无情。”借蝉喻己：无求于世，不平则鸣，鸣则萧然，止则寂然。唐代诗人骆宾王被诬下狱，借蝉自况，感而缀诗：“西陆蝉声唱，南冠客思深。不堪玄鬓影，来对白头吟。露重飞难进，风多响易沉。无人信高洁，谁为表予心？”(《在狱咏蝉》)格调清新，寄思深远。其在序中谓：“每

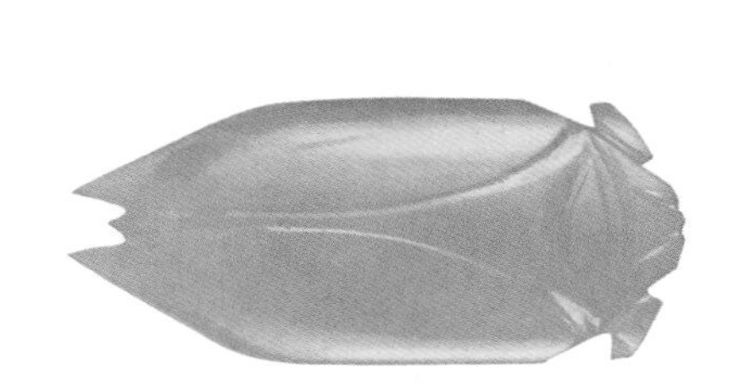

新疆和田白玉：蝉

至尊的“汉八刀”。含蓄、凝炼，以简驭繁，线条推移的运转轨迹，恣意放纵，跌宕洒脱。出廓部分自出机杼，有惊无险。特定的艺术风格总是产生于形式发展和情趣发展的交汇处，积累一定的审美情趣，才可能对如何构勒获得更深刻的认识。

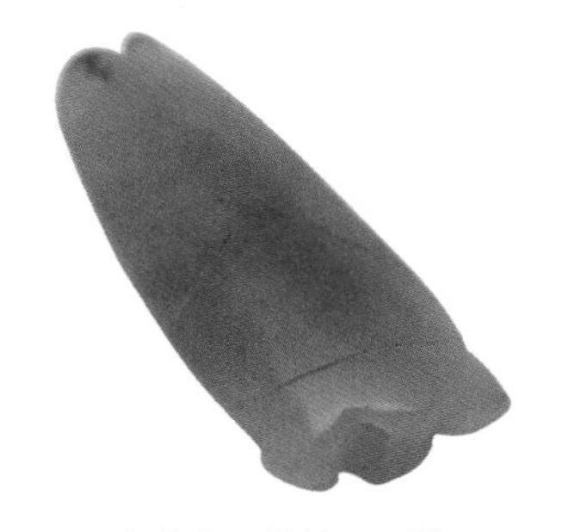

青花白玉挂件：玉蝉

该玉件造型简洁生动，整体舒展不谫。头部呈“山”字形，尾部切去一“△”形，在外形轮廓线上蹴就三个缺口，颇具剪纸效果。浅刻细线用跳刀手法，似隐若现，似断非断，充满了韵律，材料系和田青花仔，但比一般的青花色泽要更加蓝得明亮，蓝得清纯爽朗。头尾部蕉黄与棕褐沁色，层层浸染，更增加了它的可读性。

黄玉：玉晗

此蝉系宋代民间玉雕艺人风格的典型之作，圆雕造型，线条宽松，刀工粗犷，体形长度明显加强前伸，羽翼先行收束，至骶部始于绽放，颇为流畅奔放，尾部和前端有明显的“宋玉红”色彩，由新疆黄口料制成，握在手中妥贴圆润。

欧泊挂件：蝉

该蝉巧用欧泊原石特有的色彩与晶斑，形象逼真，大小相仿。制作时玉雕大师曾把真蝉用大头针钉在桌凳档板上临摹写真。笔者当初也偶因有旅居澳洲的朋友带此料给我作标样，感觉料的原型酷似蝉的外形，灵光闪现想到做只蝉吧，就有了此件作品。

翡翠挂件：静思（玉蝉）

这枚静思中的蝉，充满了禅意，通体翠绿，纯净皎洁，清畏人知。

至夕照低阴，秋蝉疏引，发声幽息，有切尝闻……声以动容，德以象贤。故洁其身也，禀君子达人之高行；蜕其皮也，有仙都羽化之灵姿。候时而来，顺阴阳之数；应节为变，审藏用之机。有目斯开，不以道昏而昧其视；有翼自薄，不以俗厚而易其真。吟乔树之微风，韵资天纵；饮高秋之坠露，清畏人知……”

春秋战国以来葬玉之风盛行，至汉时民间已流行用玉制成蝉的式样，放入死者口中。死者口含的玉蝉又称为“琀”，含玉主要是古人以温饱为生存第一要素，所以不能使亡者空口。他们还认为玉能寒尸，抚之冰凉，可持久保存遗体。故以玉塞堵七窍，以求亡者像蝉之蛰伏、蜕变，而后再生。美国古玉研究学者洛弗尔氏曰：“盖蝉之幼虫，入土变蛹，出土后乃变为蝉。即如死者之灵魂，脱离死去的尸体，又开始其新生命，于是蝉遂代表复活之符号矣。”

《史记·屈原传》：“自疏濯淖污泥之中，蝉蜕于浊秽，以浮游尘埃之外，不获世之滋垢，皭然泥而不滓者也。”蝉有“居高声自远”的高洁，有“蝉噪林愈静，鸟鸣山更幽”的玄理，也有“烦君最相警，我亦举家清”的同病相怜。西晋陆机说蝉有六德：“夫头上有緌，则其文也；含气饮露，则其清也；黍稷不食，则其廉也；处不巢居，则其俭也；应候守时，则其信也；加以冠冕，则其容也。君子则其操，可以事君，可以立身，岂非至德之虫哉！”蝉在远古时被视为通天之物，是自下而上与天相接的吉祥昆虫。

玉蝉的形体变化历代数不胜数，尤以“汉八刀”之蝉最为浑金璞玉。蝉在口彩中除了“一鸣惊人”外，还提醒大家要有“自知之明”、要“知足常乐”。荣枯事过都成梦，忧喜情忘便是禅。

十二、八仙过海

神仙之说，大抵源于西北山岳和东南海滨，战国时期先秦古籍《庄子》、《列子》已有仙人、仙境、仙药等传说文字。至司马迁撰《史记·封禅书》有关神仙说的素材更推而论社会事物之变化。封建社会早期自秦汉时方仙

翡翠摆件：八仙过海（天津特种工艺品厂制作）

道与黄老道的发展至唐，又历经宋、辽、金、元四百多年，道教日益兴旺，其主体内容主要是鬼神崇拜、神仙说与方术以及黄老学说中的玄机。八仙的产生与定型，经历了一个长期演变的过程。最初的“八仙”一词只是种泛指之箓，又有所谓“淮南八仙”、“蜀中八仙”、“酒中八仙”。今天人们所熟知的道教八仙，系唐宋文人的传说故事。许多传说中的仙家到了元代杂剧中便纷纷入戏，如：《韩湘子引渡升仙会》、《吕洞宾三醉岳阳楼》、《汉钟离度脱蓝采和》。至明朝中叶，吴元泰《八仙出处东游记》使原始人物由泛指的“八仙”而确定为：铁拐李、汉钟离、蓝采和、张果老、何仙姑、吕洞宾、韩湘子、曹国舅。明代王世贞在《题八仙像后》即指出：“以是八公者，老则张，少则蓝、韩，将则钟离，书生则吕，贵则曹，病则李，妇女则何，为各据一端作滑稽观耶？”八仙作为玉雕传统人物题材，至今仍在运用，常见的有：八仙过海、群仙祝寿、诸仙朝至、八仙图、瑶池会、蟠桃会等。

“八仙过海”讲的是神话中西王母以蟠桃宴请各路神仙的盛会故事。相传西王母诞辰于农历三月三日，各路神仙均来为她祝寿。神通广大的八仙在归来途中经过大海时，吕洞宾提议不允腾云驾雾，而各以物投水中，乘所投之物渡海，群仙呼应，是为“八仙过海、各显神通”。按老一辈玉雕艺人称，八仙还有各种各样的说法，有上八仙、中八仙、俗八仙、暗八仙，等等。“暗八仙”是指八位仙人手中的道具（宝器），是某一仙人的代指，分别为：宝扇（钟离权）、宝剑（吕洞宾）、幽鼓（张果老）、拍板（曹国舅）、葫芦（铁拐李）、花篮（韩湘子）、荷花（何仙姑）、笛子（蓝采和）。这类玉雕题材在明清时颇为流行。期间有民谣传颂曰：“轻摇宝扇乐陶然，剑现灵光魑魅惊，渔鼓常敲有梵音，玉版和声万籁清，葫芦岂止存五福，紫箫吹度千波静，花篮内蓄无凡品，手执荷花不染尘。”玉件平面雕中最常见的八宝纹，又名八吉祥、八宝生辉。由法螺、法轮、宝伞、天盖、莲花、宝瓶、金鱼、盘肠结组成。有句口诀供熟记，谓“轮螺伞盖，花罐鱼长”。

要把八仙的各自特征、神态、形象表现在同一件玉雕作品上仰或是独立完成某一仙人的单个题材，我们对八仙的身世及其个性应当有一个全面的了解，但目前看来，玉雕接班人能够叫得出八位仙人的名字，并罗列出各自法宝名称的不多，由此不妨对八仙的出处作一简单陈述。

铁拐李：李铁拐史传并无此人，铁拐李只是他的绰号。有说其前身系古徂神氏，从老子修行而得道。也有人说他是汉时人，相传姓李名玄，遇太上老君而得道。应老君之约神游华山，其肉身误被弟子火化，游魂归来无处可依，便附在一个饿死街头的乞丐身上借尸还魂。其容颜：金箍束乱发，铁拐拄跛脚，蓬头垢面，卷须巨眼，铁杖系由西王母所授。在《古今图书集成》中记述：李铁拐乃隋朝人，小字拐儿，常行乞于市，后以铁杖掷于空中化为龙，乘之而去。

青海白玉摆件：八仙过海（《玉阶堂》李峤提供拍摄）

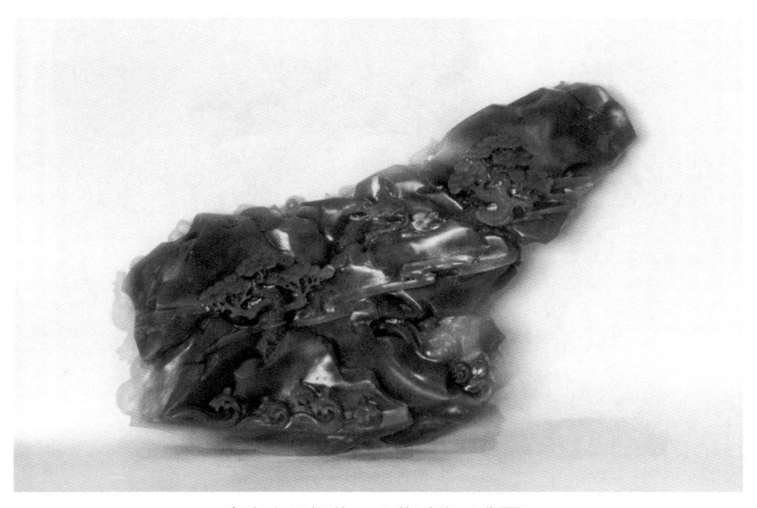

青海白玉摆件：八仙过海（背面）

原料来自青海祁连山脉，是特级优质的白玉矿体。背面的烟青色泽油润光亮，正面的料头白度好，油性不亚于和田白玉。工艺相当精致，人物的布局有层次感，神态生动活跃。卷曲的海浪汹涌澎湃，气氛热烈。正反两面截然不同的画面又增添了观赏性。这是近期河南雕工的佼佼之作，是件不可多得的玉雕艺术珍品。

素描稿（全国玉雕特级大师关盛春绘制）

铁拐李

曹国舅

张果老

何仙姑

素描稿（全国玉雕特级大师关盛春绘制）

韩湘子

蓝采和

吕洞宾

钟离权

铁拐李在民间影响很大，传说他身背大葫芦，有治病救人的灵丹妙药，病者求之，无不应验。并在市头悬一壶，及罢市，即跳入壶中，市中没人能见。

曹国舅：宋仁宗曹太后之弟，名景休（又按《宋史》记载，曹太后弟应名曾佾，未尝有成仙一说，此外又别无国戚而姓曹）。年少美貌，生性恬静，不爱富贵。因其弟仗势作恶，深以为耻，乃散尽资财，隐迹山谷，精思修道。由钟离权、吕洞宾授以还真秘术，引入仙班。曹国舅的扮相也并非葛巾野服隐士打扮，而是身着红袍、头戴纱帽的小官吏。

蓝采和：蓝采和的原型是个有点才气的流浪汉，常穿破旧蓝衫，一脚穿靴，一脚赤裸，持一段三尺多长的大拍板，行歌求乞，得钱后分赠穷人或用于酒店，有时还把钱用绳子串起来拖着走，一路散失。甚神异，夏则卧絮而不热，冬则卧于雪中而热气腾腾，后于濠梁酒楼成仙而去。在元杂剧中则谓彼乃五代艺人名许坚，艺名蓝采和。他的事迹在《续仙传》、《南唐诗》、《潜确类书》等古籍中均有记载。

何仙姑：其说颇为多元，一说为广东增城女子，唐朝人，住云母溪边，十四五岁时梦神人教之食云母遂成仙。又说宋朝永州人，幼遇异人，得食仙桃，遂不饥不渴，能预知人间祸福。据《安庆府志》记载，何仙姑为鹿所生，长于何道人家，故以何为姓而以仙姑为名。也有说因她持荷花故谐音何姓。《道谱源流图》认为，何仙姑即徐圣臣附何氏女尸所化成。北宋刘攽《中山诗话》说："永州何仙姑，不饮食，无漏泄，也传其神异。"关于何仙姑的记载，最早出现在宋代。

吕洞宾：吕洞宾集"剑仙"、"酒仙"、"诗仙"于一身，在道教中地位极高，被奉为"纯阳祖师"或"纯阳帝君"。《历代神仙通鉴》说其母因"天乐浮空，一白鸿似鹤，自天入怀而生。"吕洞宾的传说故事中最有名的要数"黄粱犹未熟，一梦到华胥"。在唐代小说中演化为《枕中记》，便有了黄粱美梦的成语典故。蓬莱三山地区传说，吕洞宾并不姓吕，有一天他同妻子到山洞里避难，这两口子住在洞中，相敬如宾，于是他就姓了吕，而名洞宾。也有记载称他系关西人（陕西西安）或关右、京兆地区人氏，有剑术，百余岁而童颜，步履轻快，顷刻数百里。比较一致的看法认为他是唐朝蒲州人，名岩，字洞宾，号纯阳子。两次考进士，皆名落孙山。当时年已六十有四，因游华山遇钟离权，授长生之术。得道以后，摒绝功名，游迹江河，试灵剑，除蛟害，解人危厄，度人成仙。有诗收入《全唐诗》，并赋有《沁园春》、《霜天晓角》及《窑头脱空》等歌曲。以神奇为人称道，多游人间，自言吕渭之后。应是位云游四方仗义引侠的剑客，后人不断加以附会，为其编织了丰富多彩的众多仙话。《列仙全传》力挺其长成一副仙貌：道骨仙风，鹤顶龟背，虎体龙腮，凤眼朝天，双眉入鬓……民间常见的吕洞宾为一清秀道士而已，只是他戴的头巾比较别致，顶有缀折，如竹简垂于后，世称“纯阳巾”。

钟离权：亦作汉钟离，号正阳子，又号云房。生而奇异，俊目美髯。仕汉为大将，征吐蕃失利，独骑奔逃山谷，遇东华真人。后又遇华阳真人和上仙王玄甫，得授金丹火候、青龙剑法、长生诀和玉匣秘籍，乃修身学道，成仙而去。一说钟离权唐朝人，与吕洞宾同时，自称“天下都散汉钟离权”后人以“汉”字与“钟离”连读，故有汉钟离之说。为五代隐士，著有《灵宝毕法》、《云房三十九章》等传师之作。

张果老：亦称果老。相传为唐朝方士，隐居中条山。自称生于尧时，有长生不老之术。常骑白驴出游，日行数万里。休息时将驴折叠起来放于巾箱中，乘用时用水喷一下又成活驴。武后召之，诈死不赴。或问神仙事，秘而不传。玄宗时道士叶静能，谓张果老为混沌初开时的白蝙蝠精，唐玄宗深信不疑，为其建了一所“栖霞观”。赐于他银寿光禄大夫之衔，号称通玄先生。他的形象为倒骑毛驴，即一种人生态度：“多少世间人，不如个老汉，非是倒骑驴，凡事回头看。”

韩湘子：即韩湘，相传为唐朝昌黎人，韩愈之侄。乳名湘子，幼丧父母，由叔父韩愈抚养长大。少年放荡不羁，成年后得钟、吕二仙传授修行之术，循至终南山修道得成正果。其神力能顷刻造出美酒，聚土即开鲜花，能预知人事。据传韩湘子也曾引度韩俞成仙，韩愈不听。临别时赠韩愈一联：“支横寿岭家何在，雪拥蓝天马不前。”韩愈贬谪朝州，在蓝关被雪所困，果应前言。除戏剧小说外，弹词《韩祖成仙传》、道情《九度文公》，以及《蓝关宝卷》等皆曾盛传一时。明末杨尔曾撰有《韩湘子全传》。

八仙均为凡人得道，分别代表了男女老幼、贫贱富贵。八仙在民间的传说中成为一个独特的群体，可能是在元代时确立，得力于元代杂剧作家的捏合。当时中原受外族蹂躏，沦亡成一盘散沙，八仙的群体形象，实际上是历史的反思。八仙过海的故事为民间所喜闻乐见，除了以上八仙之外，还可以有天仙、地仙、散仙……其实所谓仙人无非也就是民间的奇人、善人、侠人、伟人的演变，引申为道教所虚构的一种超脱尘世、通变化、长生不死的“真人”。道生神，道无所不在，有物即有神，有形即有神，甚而气、色、光都有神。何谓神？玉雕界无时无刻不在塑造神，玉作一旦达到“传神”的境界，神便自然“显灵”，要人说你不“神”也难。

十三、释迦牟尼

释迦牟尼是佛教的创始人。释迦（Sakya）是种族名，牟尼（Muni）是“圣人”的意思，后人尊称他为释迦牟尼，意为释迦族的大圣人。也可诠释为释迦是仁慈，牟尼是清净，佛是觉悟。释迦牟尼又叫如来佛。本觉为如，今觉为来。《大日经疏》说：“如诸佛乘如实道来成正觉，今佛亦如是来，故名如来。”释迦牟尼本姓乔答摩，名悉达多，约生于公元前565年，相当于战国时孔子同时代人。他是迦毗罗王国（在今尼泊尔境内）的王子，29岁时，看到世界充满了痛苦，便开始了他的修行生涯。历尽艰辛终于在菩提树下悟通大道，创立佛教，世称佛祖。释迦牟尼反对偶像崇拜，他提倡的是一种自我修养与自我完善，断灭种种贪念和名利，摆脱痛苦的哲学。即通过自身对社会和人生苦难的认识与思考，来获得精神解脱，烦恼自然就会风吹云散，内心自然会无比恬静，一片清净。释迦牟尼的宗教活动大部分是在印度的东方，摩揭陀国。是

镶钻翡翠挂件：释迦牟尼

绿幽灵水晶摆件：如来说法（北京玉器厂设计制作）

印度土著居民聚集的地方，是剔除在婆罗门文化圈外的边沿地区。当时的印度还没有文字。

释迦牟尼在玉雕造型上的塑造主要是参照全国各地庙宇内的塑像和石窟造像。早期造像还多少具有西域格调，北魏孝文帝以后，逐渐向中国化方向发展，佛的面相、服饰、坐具乃至题材内容，都发生了变化。释迦牟尼玉雕摆件基本采用坐姿形式，分为三种造型。一种为结跏趺坐，简称跏趺。"趺"指足背，就是左足放于右大腿上，右足放于左大腿上，两足掌仰以两股上，是坐姿中最稳定的一种姿势。又称金刚跏趺坐，或全跏座，俗称"双盘"，谓之"吉祥坐"，密宗亦称"莲花坐"。另一种是半结跏趺坐，就是一足放于另一条大腿上，单足压于股下，俗称"单盘"，这是坐像中最常见的姿势。还有一种是善跏趺坐，就是双足下垂，又称倚坐。另外还有摞盘、交脚、屈膝等姿势。佛像的手势也称为"手印"，在玉雕坐像雕琢中

珊瑚摆件：释迦牟尼降生图（上海玉石雕刻厂设计制作）

往往处于点睛之处，颇有讲究。佛教缘起论从手法印中归纳出四大原则即："诸行无常，诸法无我，有漏皆苦，涅槃寂静。"常见的手印有"禅定印"、"说法印"、"施无畏印"、"与愿印"、"触地印"等。玉雕作品中脸部的开相尤为关键，释迦牟尼的面部表情一般都是慈祥和蔼，眉清目秀，头部稍低，垂眼微露笑意与智慧光芒，唇线清晰，嘴角微翘；最难塑造的是佛面的眼神，要始终注视着顶礼膜拜者的视线。身上则披露肩袈裟，头冠以旋涡纹层层叠架，或头顶束发成螺旋状发髻高矗。

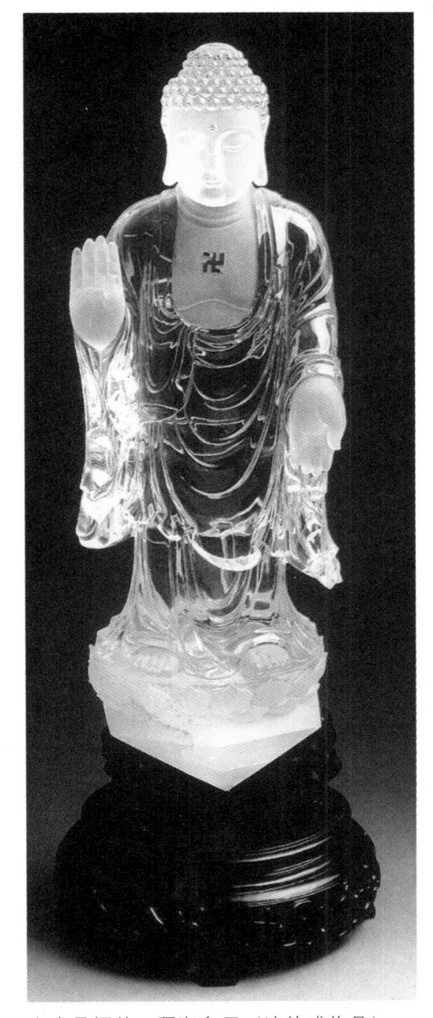

白水晶摆件：释迦牟尼（沈德盛作品）

卧佛一般塑成侧身向右作卧睡状。两腿自然伸直，左臂平放大腿上，右臂弯曲托头部。据说这是再现释迦牟尼临终前，向弟子们嘱咐后事的情景。

立像释迦牟尼一般都塑成释迦游化和乞食的形象，双脚赤裸，袈裟垂至脚面。释迦牟尼与迦叶佛(过去世)、弥勒佛（未来世）三尊菩萨合成一组称为"三身佛"，也称为"三世佛"、"竖三世佛"。常见的也有释迦牟尼身旁伴有文殊、普贤菩萨，分别骑着狮子和白象。文殊全名"文殊师利"，意为妙德、妙吉祥；普贤以骑六牙白象形象出现，两者分管"理"德和"智"德。

十四、罗汉

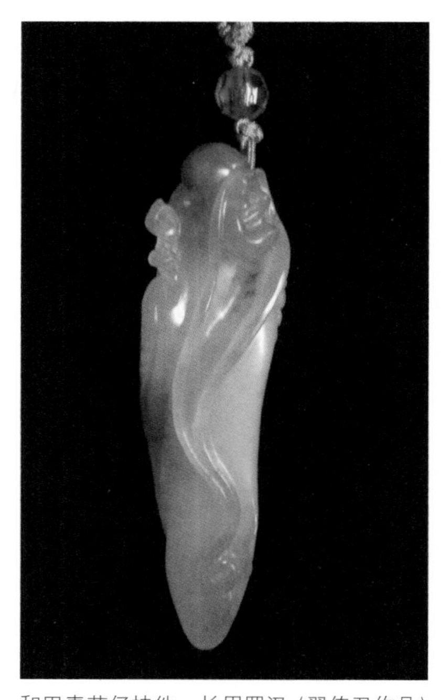

和田青花仔挂件：长眉罗汉（翟倚卫作品）

含灵受炁，禀之于天和；血脉形神，降之于精髓。眉生白毛，玉堂骨气，衡岳高耸，天势圆大。两眉别具一格，夸张又极真实，玉质滋润，色泽鲜明，因料制宜，形神兼备。

罗汉是“阿罗汉”的简称，为小乘教修行的最高果位。据说释迦牟尼曾令16个大阿罗汉常住人间济度众生。

唐代以前，社会上对印度佛教中十六罗汉的信奉还不普遍，唐五代时张玄和贯休二位和尚画了一幅十六罗汉像，宋朝诗人苏轼为此画像题诗时误写成了十八罗汉。后来所画的十六罗汉像又加入了降龙和伏虎二罗汉。在唐玄奘译出《法住记》以后，民间对十六罗汉的崇奉才逐步发展，宋元以后定格在十八罗汉。有把《法住记》的作者庆友和译者玄奘法师列入十八人之数，也有把《弥勒下生经》中所说的四大闻声中的迦叶和羊屠钵叹划归十八罗汉之内。西藏地区则加上法增居士和布袋和尚（弥勒）。

各种宝石材料制作成套的十八罗汉（关盛春设计制作）

唐末，佛寺内盛行罗汉壁画，五代以后，始塑罗汉像。罗汉的形象一般都以他们的特征和所持法物加以称呼，如：长眉罗汉、托塔罗汉、佛心罗汉、合掌罗汉、降龙罗汉、伏虎罗汉、佛珠罗汉、持荷罗汉、戏蟾罗汉、颂经罗汉、托钵罗汉。

全国玉雕特级大师关盛春在上海珠宝玉器厂时，就利用各种宝玉石边角料，雕刻了一套十八罗汉，玉料的天然色彩和纹理应用得淋漓尽致，成品在门市部一经亮相就好评如潮。现届期颐之年的关老，当时曾对笔者感叹道："我一生做了大量的玉雕佛像，这可能是最后一堂了，体力不支，眼睛也不行了，可惜玉雕界的接班人不多啊。"笔者在上海老城隍庙珠宝市场任职时，又把关老请来把关。当时有位居士出高价，自备白玉原料，请老关制作了一堂十八罗汉雕像，电视台作了三分钟专题新闻报道。完成后该居士又在玉佛寺住了一周进行开光，时至今日当记忆犹新。

青玉摆件：达摩罗汉

玉质清彻，色泽纯正，造型生动。止知见定之形，则神韵可鉴，盖形丽于骨而神宅于心。四肢苍虬，能辨骨气，此是其主不必广寻也。意识中的东西溢于意识之外，这种潜能便是天赋，雕琢者不袭旧貌不徒事临摹，反而成就了其创新艺术个性本能的发展。

近期十八罗汉题材好的作品有沈阳玉器厂制作的翡翠摆件《十八罗汉戏弥勒》，高 68 厘米，长 45 厘米，厚 32 厘米，光制作成本就高达 3.6 万美元。北京玉器厂制作的翡翠《十八罗汉斗悟空》摆件曾

获1988年中国工艺美术百花奖创作设计一等奖。目前，能成堂雕十八罗汉的高手确实不多了，雕琢前一般也是先到著名寺院内实地临摹，再结合玉料施以琢玉技艺精心塑造，历时较长，成本不菲。

俄罗斯碧玉：苦行罗汉

我无自我，实承其义；
尔无自尔，必祛其伪。

白玉摆件：降龙伏虎罗汉

白玉摆件：十八罗汉群像（马其提供拍摄）

素描稿（全国玉雕特级大师关盛春绘制）

素描稿（全国玉雕特级大师关盛春绘制）

十五、弥勒菩萨和布袋和尚

弥勒是梵文 Maitreya 的音译，意译为慈氏。弥勒是姓，名阿夷多，为人间决疑，是位正觉菩萨。菩萨为两种力量所支配，一是怜悯，一是智慧。前者指导他对众生的态度，后者标明他对真如的态度。弥勒在《法华经》中占有显著的地位，他的本质是“慈爱”。在密宗中，弥勒有时被列为“贤劫十六尊”之五。有时被归入五大菩萨之一（文殊、普贤、观音、弥勒、金刚藏）。也有归结为三大菩萨（弥勒、文殊、观音），弥勒高居首位。最早提倡弥勒信仰的是东晋名僧道安（公元 312 ~ 358 年），他曾与弟子法遇等 8 人于弥勒生前立誓愿往生兜率天。所谓“兜率天”意思就是“妙足天堂”、“知足天堂”，亦指“弥勒净土”。从两晋开始便盛行信仰弥勒，先是在河西地区和新疆高昌地区流行，并逐渐传入内地。现存最早的弥勒像是甘肃炳灵寺石窟内，西秦时绘制的“弥勒菩萨”。在莫高窟、云冈石窟、龙门石窟内，都塑有弥勒造像，多为交脚席地而坐，在屋形佛龛内说法形象，表现的是兜率天宫的场景。从北魏前期开始，大都表现其下生到

黄水晶挂件：笑口常开

该黄水晶原料，洁净无暇，色泽艳丽，背面刻荷叶，正面刻佛像，做工细腻，形象饱满，面相雕琢讨人喜欢。

翡翠弥勒摆件：五子登科

人间成佛形象，造像中弥勒穿上了佛装，以倚座式为主。唐后期，人们转向信仰阿弥陀佛的西方净土，而淡化了弥勒信仰。五代以后更由僧人契此作了弥勒化身，世人只知“大肚弥勒”了。

杭州飞来峰大肚弥勒像，右手按一布袋，像刚刚接受了施舍，左手拿一串佛珠，袒胸露肚，笑态憨厚，双耳垂肩，腹下束绳。两旁十八罗汉作为衬托，更显其“大肚能容容天下难容之事，开口常笑笑世间可笑之人”。著名的乐山大佛是凌云山栖鸾峰断崖凿成的弥勒佛倚坐像，又称凌云大佛，工程前后花了90年时间。中国有佛始于汉明帝，他曾梦见有金人长丈余，话之群臣。有臣傅毅答曰：西域有神，其名曰佛。汉明帝便派蔡等人前往天竺求其道，由是化流中国。

宋代开始大肚弥勒又演化为“布袋和尚”塑像。布袋和尚的原形为五代后梁僧人契此，浙江奉化人，又号长汀子。传说他形体肥胖，常以杖挑一布袋入市，见人即乞，饿了就吃，饱了就睡，出语无定，形如疯癫。至贞明二年（公元916年）寂前端坐于明州岳林寺磐石上，口念《辞世偈》：

"弥勒真弥勒，分身千百亿，时时示时人，时人自不识。"世人遂以他为弥勒化身。契此生前总是悠然自得，笑逐颜开，让人觉得非常亲切。民间传说他能预知吉凶，占卜晴雨，沾雪不湿，颇为神奇。江浙一带就按布袋和尚的形象塑像供奉，后又放到寺院天王殿，使人一进寺门就可望见。契此的形象作为弥勒再世，在中国广为流传。

目前，玉雕界在塑造"大肚弥勒"和"布袋和尚"时是作为两尊不同的佛像出现的。大肚弥勒一般是作为"笑星"的形象出现的，童子环绕嬉笑打闹，挖脐掏耳，手抚大肚一脸天真相；或袒胸露脐，憨笑启齿，手提念珠，两耳垂肩，两脚交叉，倚身席地而坐。"布袋和尚"民间戏称他"空麻袋背米"，手提或肩扛布袋，大肚凸现，上身长、下身短，赤身裸体，脐下束绳，光着脚。玉雕弥陀的造型早已深入人心，只要大肚、笑口常开，总是人见人爱的。

翡翠摆件：弥陀佛(高 36 厘米，宽 23 厘米，厚 16 厘米。李俊平提供拍摄)

造型生动简洁，翡色锁片的夸张放大，充分利用了原料固有色彩的板块，与高举的元宝和及腰的布袋，形成和谐的道具系列，犹如乐曲中的三个声部，共同奏响雄厚的和声，来衬托人物的主旋律。

翡翠摆件：布袋和尚

白玉山子雕：弥陀

十六、观世音

元代管道升的《观世音菩萨传略》，以及《法华经·普门品》等古籍均阐述有观世音名号之由来。

观世音原是佛教中阿弥陀佛的胁侍菩萨，其名依，由梵文意译而来。公元前五世纪，释迦牟尼创造了佛教，婆罗门教的双马童神被佛教采纳，成了慈善菩萨，名“马头观世音”。后经人格化的演变，传入中国之后被重新塑造为彻底女性化、世俗化的中国“圣母”形象。观世音的意思是：“若有无量百千亿众生受诸苦恼，闻是观世音菩萨，一心称名，观世音菩萨即时观其音声，皆得解脱。”遇难众生只须诵其名号，作为接引诸佛之一，观世音便寻声救援，济世造福，导引民众往生西方净土，故名观世音。

到了唐时，由于讳唐太宗李世民之名，略去“世”字，只称“观音”。据记载，东晋文熙四年（公元408年），太原郭宣被执在狱，心念观世音，梦见菩萨，遂被恩赦，出狱后乃造像立精舍。这是观世音像首次出现在文献资料上。

观音造像东晋前还基本上是男相，以后非男非女，至唐以后则多为女像。公元400年以后，随着大乘佛教的发展，女神才大量出现。《妙法莲花经》说观世音菩萨有三十三种化身，与此相应就有三十三尊观世音。纯女性形象的普遍流行在唐代以后，民间以观音菩萨为救苦救难、大慈大悲的化身，能济世造福，与民众生活极为贴近。唐代开始，中国民间又流传大慈大悲观音菩萨为妙庄王幼女妙善之说。至宋元符三年（公元1100年），法力无边的菩萨从身世到形象又经过了一番改变，被赋予更强烈的中国色彩。观音的身边分别是善财和龙女，民间俗称金童玉女。善财的原型为受教于释迦牟尼的印度商人；龙女为海龙王的孙女。除了打上时代烙印，具现实意义外，更在于体现人们理想中善良、普法、神通、普度众生的救世主形象，因此，在佛教中供奉甚敬、香火不绝。这种信仰、信赖，推动了观音造像艺术的日益精致完满。其风神气度之美，爽朗轻举，高而徐引。“佛殿何必深山求，处处观音处处有。”《聊斋志异》作者蒲松龄坦言：“佛道中唯观自在（观世音），仙道中唯纯阳子（吕洞宾），神道中唯伏魔帝（关帝），此三圣愿力宏大，欲普渡三千世界，拔尽一切苦恼，以是故祥云宝马，常杂处人间，与人最近。”

翡翠摆件：自在观音（高 26 厘米，宽 38 厘米，厚 15 厘米。李俊平提供拍摄）

原料红翡外皮被雕琢成繁茂的紫竹，与绿色部分遥相呼应，中心部位观音与童子的立体效果颇具功力。镂空透雕花草和人物雕刻，这是两种不同的施艺领域，能把它融会一体，实属不易。尤其是左上角的凌空处和右下方的空洞布局，使整个摆件充满了灵性和迂回观照。

墨翠挂件：洒水观音（任时鸣提供拍摄）

形象端庄肃穆，脚下所乘之龙和净水瓶，遥相呼应，神态逼真。上下两部分疏密有致，陪衬之器物有序伴生，繁简得体，很精美。

玉雕人物中观音的造像是根据各类故事版本和象征性的法物来分别塑造，并赐以相应称谓的，是玉雕佛像中艺术变化最丰富的题材之一。也为绘画和雕塑艺术增添了一大素材，产生了大量艺术作品。南北朝时期，立观音的形体较为清瘦。隋代，变得面型丰满，形体粗壮，显得头大，上身长、下肢短，肩部丰腴而微削，扭转身躯，端庄中略显轻微动势。唐代，丰满而生动，曲线流畅，富于节奏变化，头戴宝冠，胸垂瓔珞，仪态温和秀丽，充满青春活力。现代基本塑造成体态纤细轻盈，衣饰飘逸，表情柔美端庄，面相趋向理想中的“淑女”。称谓有：滴水观音（手持净水瓶）、杨柳观音（手持杨柳枝）、持荷观音、送

翡翠摆件：倚坐观音（蚌埠南山古玩市场《君琴缘》玉坊、王宝君提供拍摄）

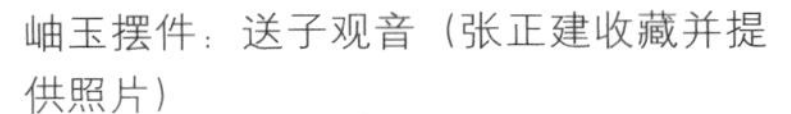

岫玉摆件：送子观音（张正建收藏并提供照片）

黄水晶摆件：千手观音（沈德盛作品）

子观音（怀抱童子或膝下童子环绕）、如意观音、鱼篮观音（手提花篮）、渡海观音（脚踏海浪）、坐莲观音（端坐莲台）、水月观音、童子拜观音、千手千眼观音。藏传佛教观音菩萨有四臂观音、十一面观音等多种变相。山西“普宁寺”所塑“千手千眼观音像”，气度非凡，工艺极为精致，一度曾申报吉尼斯世界纪录。由邰丽华等残疾人演出的《千手观音》舞蹈，获得了极高的声誉。他们以聋哑之身，挺立舞台，体现的是一种度人度世精神，度人者首先要能自度。民间为了供奉一般选用单身的“圣观音”或“白衣观音”。观音塑像中最引人入胜的是多面多臂塑像和千手千眼观音，也叫大悲观音，表示普度众生、广大圆满而无碍之意。唐后期增加了如意轮观音、念珠观音等形象。早期玉雕观音佛像是以“紫竹观音”、“送子观音”、“宝瓶观音”、“驭龙观音”为主，合称“四大观音”。

五代时，日本僧人慧锷从五台山请得观音像取道回国，途经舟山群岛之梅岭山（今普陀山）遇到风浪，船不能行，便留驻山上，并将观音像供奉起来，创建了“不肯去观音院”。

北宋以后，凡往来于日本、朝鲜等国的海上行旅，常在此候风，礼拜观音，祈求平安，遂有了普济寺、法雨寺、慧济寺等。又传唐大中年间有一印度僧人来此，目睹观音现身，授以七色宝石，故称该处为观音显灵说法的道场。佛经有观音住南印度普陀洛伽山之说，故将梅岭山称为“普陀山”。

十七、钟馗

钟馗是民间传说中专捉鬼怪的人物。相传唐明皇在病中梦见一个自称钟馗的大鬼，吃掉了一个到宫中捣乱的小鬼，醒后病就好了。于是玄宗命吴道子画成钟馗的像悬挂起来，以驱除鬼邪。自唐玄宗时形貌狰狞恐怖，能吃小鬼的钟馗问世以后，迅速在民间广为流传。随着明人创作的鬼怪小说《平鬼传》和《钟馗斩鬼传》的普及，民间遂有仿效，形成旧俗。

传说中，钟馗原来是唐朝终南山一名进士，考中状元，不料唐德宗以貌取人，嫌其丑陋，将其赶出宫廷，钟馗当场撞殿阶而亡，死后为鬼首。

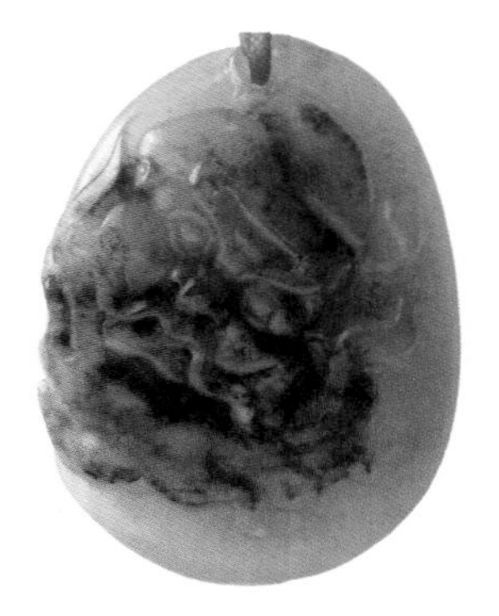

和田青玉挂件：钟馗

原仔石皮的表面粗糙狰狞，不堪入目，而且偏于一边，去掉的话，仔料就变小了。最终只能借正试雕钟馗面相。形象还算生动，资源不浪费。

墨玉钟馗（翟倚卫作品）

素描稿（全国玉雕特级大师关盛春绘制）

唐《切韵》说："钟馗之说，盖自六朝之前，因已有之，流传执鬼，非一日矣。"也有把钟馗视为判官的。民间尚有除夕夜挂钟馗像的习俗，以防病驱邪求吉利。

钟馗的形象都为铁面虬髯，豹头环眼，身披长袍，足蹬皂靴，手持利剑，脚踩小鬼。《平鬼传》曰："钟馗驾祥云，神荼变成一只蝙蝠在前引路，郁垒化作一把宝剑伏于他背后，众鬼紧随其后。""捉尽天下鬼怪，管尽人间不平事。"钟馗跟班是五个小鬼，分别代表了"五毒"：蜈蚣、蛇、蛤蟆、蜘蛛、壁虎。

钟馗的玉雕题材有"钟馗捉鬼"、"钟馗嫁妹"、"钟馗执扇"、"钟馗赐福"、"钟馗醉酒"等形象，更多的是将钟馗做成立体小摆件或子冈牌，含义百无禁忌、辟邪压魔。

白水晶钟馗（沈德盛作品）

十八、福、禄、寿三星

寿星相传是古代神话中司掌寿限的神仙之名，星名。亦称南极老人星，南极仙翁。

《尔雅·释天》谓："寿星，角亢也。"角、亢二宿是二十八宿中东方七颗列成苍龙之形的宿星中的头二宿。寿星数起角、亢，列宿之长，故曰寿。因其寿星处于南纬50度以南，我国北方不易见到，但在长江以南地区，南天的低空却很容易见到。在天文上属一等以上亮星。唐时学者张守节对此解释道："老人一星，在孤南（天狼星东南），一曰南极，为人主占寿命延长之应。见，国命长，故谓之寿昌，天下安宁；不见，人主忧也。"《史记·封禅书》索隐："寿星盖南极老人星也。见则天下理安，故祠之，以祈福寿。"寿星，周秦以降，历代皇朝皆列为国家祀典。《后汉书·礼仪志》："仲秋之月，祀老人星于国都老人庙。"迟至明代始罢其祀。

寿星的出处较早的记载见晋代《搜神记》一书，把他进行了拟人化的描述。寿星的神像则在唐宋时期逐渐流行，为皓发童颜寿眉的老翁，左手持杖，上挂葫芦，右手托仙桃，并以松石、翠柏陪衬点缀，边上还有奔跑跳跃的梅花鹿、展翅飞翔的仙鹤等，形成一种喜庆、祥和、欢快、富有民族特色的年画效果。现在常见的寿星像基本上是明代的造型：白胡子、谢顶、前冲的额头，上有三道抬头纹，红色的脸庞，身材浓缩迷你，和蔼可亲，富有生气，一副终极快乐的样子，悠然自得。

寿星形象是睿智聪慧的象征，民间尊奉。盖社会之优美境地：尊老爱

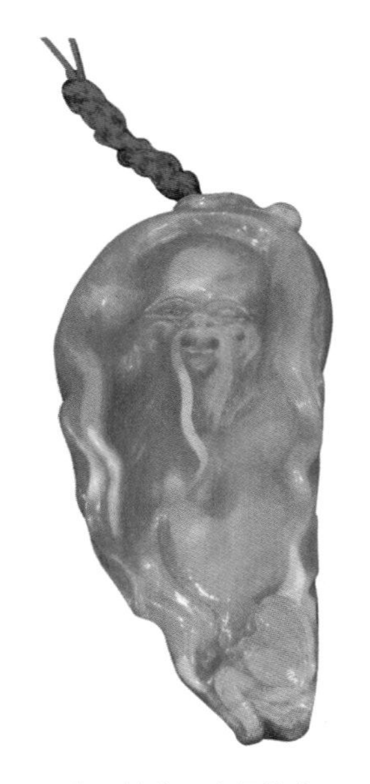

翡翠挂件：南极仙翁

人生如意，寿比南山。整件作品外形酷似人参，老寿星笑逐颜开，如意安详，黄翡蝙蝠隅居一角，锦上添花。寓意“福寿双全”。

翡翠挂件：老寿星

幼，健康长寿。“天意怜幽草，人间重晚晴”，故民间多祠之，以祈长寿。

道教中老子的形象在历代也被当作寿星人物而倍受敬仰。道教尊奉为“南极长生司命真君”。《白蛇传》中，南极仙翁种有灵芝，能使生者长寿，死者复生，故有白娘子盗仙草救许仙的故事。老子者，百有六十余岁，或言二百多岁，以其修道而养寿也。

中国人的敬老方式很多，如：“尚齿会”、“千叟宴”、“重阳节”敬老活动等等。远在先秦时期，一种叫做“上寿”的礼俗已经十分流行。其内容是向尊者祝酒，祝他长命百岁，享有无疆之寿。《左传》记：“哀公宴于五梧，武伯为祝。”就是祝长寿酒，也称“为寿”。当时的祝寿并不限于生日这一天。自汉武帝始，有关祝寿活动的纪录，也大多是大型庆典时所举行的一种礼仪形式而已。据史书记载，纯粹以祝寿为目的的生日庆贺，是在盛唐之后日趋滥觞，流传至今。

在元、明杂剧《南极登仙》、《群仙祝寿》、《长生令》等曲目中都有南极仙翁出现。在戏中寿星扮相为：如意莲花冠，鹤氅，牌子，玎珰，白发，白髯，执圭。《警世通言》第三十九卷“福禄寿三星度世”的故事讲的是：

刘本道原是延寿司掌书记的一位仙官，因好与鹤、鹿、龟玩要，懒惰正事，被谪下凡，成了水乡为活，捕鱼为生的一贫儒。绿龟化作球头光纱帽，宽袖绿罗袍，身材不满三尺之躯。白鹤化为白衣女士，黄鹿化作黄衣女子，三人自有一番戏闹做秀。谪限完满，被南极寿星引归天上。老寿星骑上白鹤，本道跨上黄鹿，灵龟导引，直升霄汉。

《西游记》第26回中亦有与三星有关的故事：孙悟空闯祸了，要寻医树管活之法，一只跟斗翻到蓬莱仙境。只见白云洞外，松阴之下，有三个老人在下围棋。观局者是寿星，对局者是福星、禄星。只因限期三天，在孙悟空的恳求下，三星闻言驾起祥光，长天鹤唳，即往五庄观，会见地仙之祖镇元子。但见那：“……拄杖悬龙喜笑生，皓髯垂玉胸前拂。童颜欢悦更无忧，壮体雄威多有福。执星筹，添海屋（祝人多福寿叫海屋添筹），腰挂葫芦并宝箓……”那八戒见了寿星，上前扯住，笑道：“你这肉头老儿，许久不见，还是这般洒脱，帽儿也不带个来。”遂把自家一个僧帽，扑的

白玉摆件：三星高照（蚌埠《白玉第一家》马其提供拍摄）

套在他头上，扑着手呵呵大笑道：“好！好！好！真是‘加冠进禄’也！”

禄星（禄神）即梓橦帝君，道教传说中主宰功名利禄的神灵。相传，梓橦帝君姓张，名亚子，三国时蜀国人，仕晋战死。后人立庙祭之，为掌管文昌府和人间禄籍的“禄神”。元仁宗封其为“辅元开化文昌司禄宏仁帝君”。文昌星即文曲星，主功名利禄。

福神源于福星，即岁星、木星，古代传说中造福人类的神灵。福的概念极其广泛，包括福气、福运、幸福、赐福、得福、纳福。福神，相传汉武帝觉得道州矮人长得奇特有趣，便征召至宫内作宫奴，游戏取乐。道州刺史杨成对此十分不满，上书奏道：“臣按五典，本土只有矮民无矮奴也。”遂要求武帝废止道州矮奴的做法，武帝听从他的劝告，不再征召矮奴。道州人感激他的恩德，立祠绘像祭祀，以为本州的福神。后来各地皆有杨成像，祭之为赐福之神。

福、禄、寿三星，是我国民间最受欢迎的吉祥群星组合之一。在玉雕题材中，往往又将“福、禄、寿”三星塑成一堂。

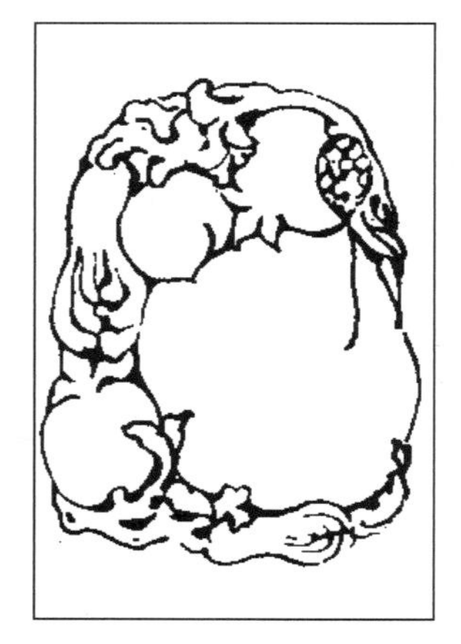

素描稿：翡翠吊牌《福禄寿》（平爱珠设计）

此稿随翡翠原材外型因势而为。接近原石皮张的表面，红翡绿翠间，尚有斑斑砂皮，另一面是较为完整的块绿，但有绺痕。出坯后先用工具把砂皮、黑斑去尽，经反复推敲，最终定稿在“福、禄、寿”挂件，由于原色利用得巧，题材口彩又得体，深得行家们的好评。

十九、济公

又称道济，是南宋僧人（公元 1150 ~ 1209 年），俗姓李，名心远，法名修缘，浙江天台人。他出家于杭州灵隐寺，后常住净慈寺，当时寺院遭火灾而焚毁，经济公募化以复旧观。济公是一个禅宗僧，世称济颠僧或济公活佛。他生性落拓，不拘礼法，不守戒律，嗜好酒肉，言行类似癫狂，游戏于世间人生。传说中他嬉笑怒骂，捉弄富豪恶奴，扶贫助弱，救人于危难之中，以他的神通，仗义执言，除暴安良，深得民众的信仰和敬重。小说《济公传》系据其事迹渲染而成。《续藏经》收有《钱塘湖隐济颠禅师语录》。

在玉雕题材的塑造中，道具酒壶、酒盅、破扇子、佛珠的运用各具匠心，形体的雕琢则突出济公的瘦削和落拓，头戴前面有“佛”字的“靴子帽”，脚踏用篾片编成的僧鞋，鞋的船形头部琢一“寿”字，脸部嘴角歪斜，一半似哭一半似笑，眼神嗔嘻微睁，天性乐易，充满智慧的光芒。饥来吃饭闲来困，纵横自在皆为法。临终时作偈曰：“六十年来狼籍，东壁打倒西壁；于今收拾归去，依然水连天碧。”嘉定年间坐逝，葬虎跑塔中。佛教徒把他神化为降龙罗汉化身。

独山玉摆件：济公逗趣（高 46 厘米，宽 32 厘米）

能把济公形象塑造得如此生动，色泽利用得天衣无缝。实乃“踏破铁鞋无觅处，得来全凭真功夫”。

二十、刘海蟾

据闵地《邵武县志》载：刘海蟾，名元英。或曰：元英本名海，尝以道力除蟾祟，故称为海蟾云。民间传说中的刘海是一个穷孩子，靠打柴为生，他用计收服了修行多年的金蟾，得道成仙。刘海戏金蟾，所戏之蟾并非一般蟾蜍，而是三足大蟾，即所谓金蟾者。刘海戏金蟾，金蟾吐金钱，救济了无数穷人，人们尊敬他，还特意为他修建刘海庙。

刘海，历史上实有其人。他是五代宋初人，本名刘操，又名刘哲，字昭远，又字宗成、玄英，号海蟾子。官至丞相，嗜性命之学，未究玄蕴。某日退朝回家途中，见两异人坐于路旁，默默不语，只是专心致志地将10只鸡蛋垒垒叠叠于一枚金钱之上。刘海在一边叹曰："危哉！"道人曰："公身命俱危，更甚于外。"刘海复又问："如何是不危底？"道人乃敛鸡卵、金钱掷于地，长笑而去。刘海遂顿悟。"因夜宴，尽碎宝器。"解相印，易道衣，佯狂歌舞，远游秦川。口吐偈语："抛离火宅三千口。屏弃门兵百万家。"

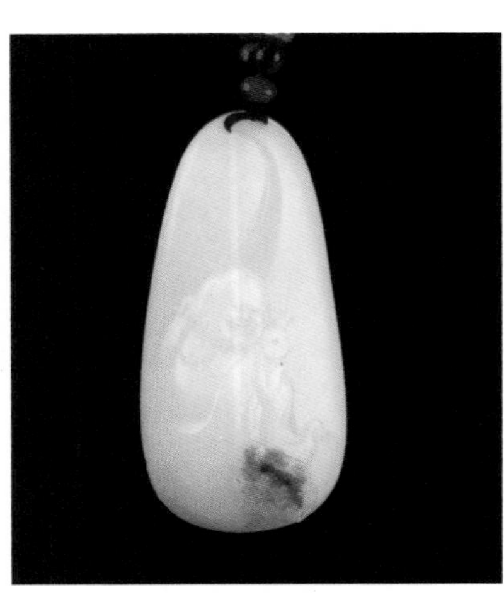

和田白玉仔料挂件：刘海戏金蟾

按宋内丹派道家传承谱系，刘

海系钟离权、吕洞宾的徒子、徒孙，乃入终南山炼丹修道，后化鹤飞升成仙而去。所传之道称为海蟾派，其派宗旨为“省悟自归隐，修养本元神，散诞蓬莱客，逍遥阆苑人。”后世误将“刘海蟾”一名分读衍生为“刘海戏蟾”，迟至明代即有《刘海戏蟾图》，画一蓬头赤足嬉笑之人，持一玉色三足蟾而戏之，憨态可掬，活泼有趣。不御外貌丑陋而内心却超离秽海，将穷人的安危负于肩上。在年画中刘海被塑成手执一桃一莲叶，喜笑颜开，留着“前刘海”的顽童形象。或哆口蓬发，手舞钱串，一端由金蟾叼着，作跳跃状，充满了喜气、财气。

白玉握件：刘海戏金钱（翟倚卫作品）

玉质极其白、糯、油、细、润，神态可掬可爱。尤其是缠绕在胸前的巨大铜板和置于头顶金蟾的造型，在同类作品中应是出于其类，拔乎其萃的绝妙构思。

蟾蜍，沪语叫“癞瘔霸”，也就是俗称的“癞蛤蟆”。蟾是有灵性的神物，早在远古时期，蛙即受到人们广泛崇拜。从彩陶蟾蜍纹延续到石器、玉器、铜器上的装饰图案，一直到“月亮”的代指，仰或民间尊为小财神。蟾蛙的本意应是女性生殖器和生育能力的象征，因而大量出现在民间艺术品中，寓意“富贵多子”、“送子财神”，或以月亮的高洁而自况。

在玉雕作品塑造中，成串的铜钱、高举的荷叶、三只脚的蛤蟆，在刘海的周围以动态的形式相呼应。刘海的形体一般雕琢得比较活泼天真，近似童子造型，有时吸胸凸肚，胖乎乎的充满笑意，相当平民化、民俗相。

青海白玉小摆件：刘海戏蟾（邢林林提供拍摄）

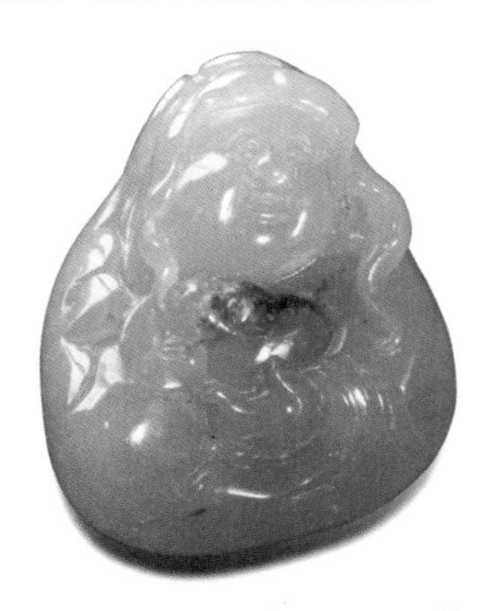

和田白玉原仔挂件：刘海戏蟾

二十一、达摩

菩提达摩，简称达摩或达磨。这是梵文“法”的音译，也有写成“昙无”的。法，是指事物的规范或规律，或者指事物的自性或本质。菩提的意思是“觉醒”、“觉悟”。最早记载达摩行踪的史料应为《高僧传》。据说达摩是南天竺（今印度）之婆罗门望族的后裔，为香至王的第三个儿子。父王死后，他便出家成了比丘（和尚）。据《释氏稽古略》、《佛祖统记》说：达摩出家之后，被二十七祖般若多罗收为弟子。般若多罗，姓刹帝利。因受其父王供养，得所施珠。试其所言，遂谓之说：“汝于诸法已德通量。夫达摩者，通大之义也，宜名菩提达摩。”摩咨之曰：“我既得法，当往何国而作佛事？”祖曰：“汝虽得法，未可远游，且止南天。待吾灭后六十七载，当往生震旦东土也。设大法乐，获菩提者不可胜数。”多罗既亡，师演道国中，久之思震旦缘熟，即至海滨、寄载商舟，以大通元年（公元527年）达南海。所谓南海，当指船泊广州或交州而言。印度人直接由海道来中国，史料谓至刘宋后始盛，刘宋之前，航路交通尚未有所闻。南朝宋时达摩由南海来中国，可能只是到了山东半岛。也有记载说达摩履中土年代是在梁武帝普通八年九月者（即公元520年）。达摩所传之禅，乃不立文字之禅，故古往传述之事迹，多不足以信。

梁武帝萧衍对佛教很感兴趣，在位时致力于建寺、写经、度僧、造像。当得知达摩航海东来，抵达广州时便派人专程迎达摩至南京。后因双方见解不合，达摩北上北魏境内。后在洛阳、嵩山一带游历并传授禅法。“一苇渡江”、“拈花示众”、“跨水逢羊”的传说在民间广为流传。“我们剔除神话，考证史料，不能不承认达摩是一个历史人物，但他的事迹远不如传说的那么重要。”（胡适：《菩提达摩考》）

达摩所提倡的是：外息诸缘，内心无惴。如是安心，谓壁观也；如是发行，然则人道多途。达摩的禅法是：“凝住壁观，无自无他，凡圣等一；坚住不移，不随他教，与道冥符，寂然无为。”并提出“理人”和“行人”的修禅主张。所谓理人就是壁观，令舍伪归真，直达涅磐。所谓行人包括四法：逢苦不忧，与道天违，体怨进道，识达故也；二随缘行，得失随缘，苦乐随缘，宿因所构，冥顺于法也；三名心无为，形随运转，有求皆苦，无求乃乐也；四名称法行，即性净之理也。史料称：“达摩以此法开化魏土。”达摩为实践自己的禅宗而隐遁少林禅寺面壁九年，或循扰岩穴，参禅入定，在嵩山五乳峰的一个石洞内面壁静修。

据禅宗所云：达摩受法于般若多罗，初学小乘传观于佛陀跋陀罗，后与佛大光（同为跋陀罗弟子）又转习大乘。乘是梵文 yana（音译“衍那”）的意译，有“乘载”或“道路”之意。菩萨思想是大乘教的一大特色，所谓菩萨即指立下弘大誓愿，要救渡一切众生脱离苦海从而得到彻底解脱的

白玉摆件：菩提达摩（李倩提供拍摄）

白玉摆件：菩提达摩（背面）

巉岩容仪，戎削风骨。仰月而观，破空一问。碧玉炯炯双目瞳，黄金拳拳两鬓红，华盖垂下睫，嵩岳临上唇。不睹诡谲貌，岂知造化神？

此摆件刀工一丝不苟，圆润舒展，线条方中带圆直必弓。利用材料石包玉的原始雏型，将中心部位纯净的白玉质地成功地剖离，来描绘达摩的神情特征。背景与道具、泾渭分明，不留琢痕。整体淡定澹泊，充满禅意。

水晶摆件：达摩（沈德盛作品）

纯净的水晶在雕琢者的精心呵护下，把“硬、脆、锐、亮”的特质完全融入到作品中，“意随无事适，风逐自然清”，可谓凝神结思，独辟蹊径。作品的视觉冲击力来自于人物造型的神圣和庄严，人物的写实与枝蔓的空灵对比，施艺的朦胧与材质的光亮对比，这种情与理的和谐，形和神的统一，使作品有了质的美感与神韵。

佛教修行者。把自己的修行实践称作“菩萨行”，把自己所尊奉的戒律称之为“菩萨戒”。大乘教以成佛作为最高修行目标，主张“人法两空”、“性空幻有”。小乘教把证得“阿罗汉”果位作为修行的终极目标，它主张“我空法有”，带有唯物倾向。大乘教后来传入中国、日本、朝鲜、蒙古等地。而小乘教则传入斯里兰卡、缅甸、泰国、柬埔寨……云南傣族地区亦是小乘教的一支。自佛教传来之初，并没有大乘禅、小乘禅、如来禅、祖师禅的区别，顿悟渐悟，义各有宗。在禅宗兴起的过程中，所传达的则是佛教空宗系统及老庄之学，实际上几乎是完全中国化了的佛学。

我国佛教，传自印度，始于汉明帝永平年间，在史册上已有明确记载。但禅宗的真正发端，史料认为应在隋时的岭南地区。他们把后汉安世高一派主张“心专一境”的修禅观，改良为“定慧双修”，始把二者统一起来。少林禅宗是以大乘佛法为教义，跋陀虽然开创了少林一派，但他系南传上乘部佛教，也就是原来的原始佛教和部派佛教贬称的“小乘”。而少林禅宗是以大乘佛法为教义，于是便认可了达摩为少林禅宗始祖。史料上称："孝昌三年，印度僧人菩提达摩到少林寺传授禅宗，被称为初祖，少林寺遂有禅宗祖庭之称。"达摩开创的佛教禅观之学，主要流传于北方。由汉至南北朝，先后译出的禅经约五十种，群相研习，逐渐形成派别。直至中唐时期，迟至宋明，理学家又把禅宗中的僧侣主义、直觉主义等因素演化为"致良知"和"知行合一"说，才形成了完整的客观唯心主义学说。达摩当初只是依据大乘派教义，将衣钵传给了他的徒弟慧可，由慧可再把达摩的教义进一步形成"儒禅互补"，并把老庄思想的部分内容吸收到自己的理论体系中，才奠定了禅宗在中国的地位。东魏天平三年（公元536年）达摩圆寂，葬于熊耳山，立塔于定林寺。史料上有说他活到一百五十岁，这只是传说而已。

玉雕中的"达摩"形象和题材，只是因循传说或模拟"胡人"印象加以自由发挥。作为人物摆件雕刻，除了布局、陪衬、道具的运用之外，更在于人物的属性和特质的区别。既要兼顾到约定成俗的传统特点，也要体现出"这一个"特征，作品才有质感和生命力。在挂件、牌片等玉物形制上，达摩的人物形象塑造变化不大，以头像刻划为主，面部豹头环眼，颏下一部虬髯。发型和胡须是点睛之处，其次他的服饰要符合比丘的身份。各种宝玉石材料均可因料制宜塑造人物形象，但在脸面部分一定要选取最纯净部分来雕琢，以确保它的"一片清净"。

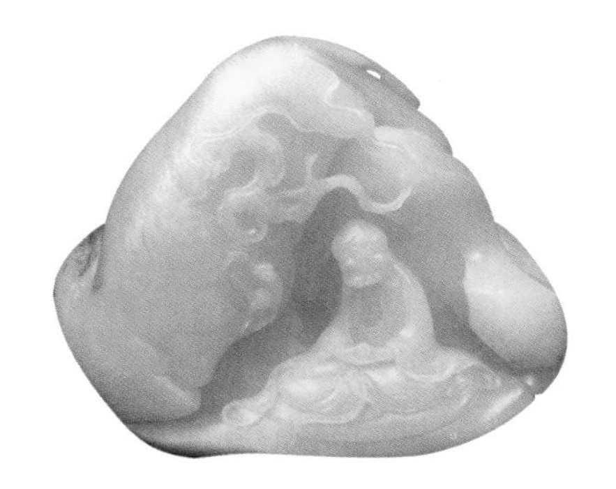

白玉山子雕：达摩面壁图（翟倚卫作品）

雕琢者借助摄影镜头停格的瞬间，把目光聚焦在白玉人物塑造的独立画面中。皮色的神来之笔，尤如一束侧光，使人物主题更具肖像效果。把"隐思空山，肃然静坐，栖神山谷，远避嚣尘，独宿孤峰，端居树下"的达摩之力，毫不矫饰地体现得如此完美。在同类题材中的艺术表现力，有此深谙真谛的反馈者并不多见。

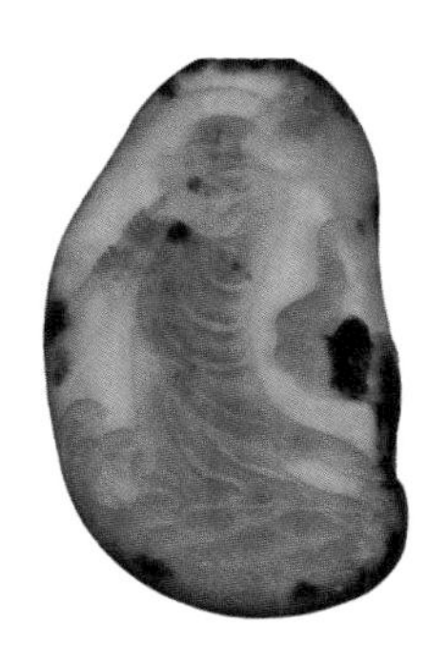

白玉挂件：达摩渡海（周瑾收藏，提供拍摄）

系用浅浮雕薄意刻手法，线条流畅均衡，充满韵律感，人物形体为S形布局，生动飘逸，乘风踏浪，踌躇满志。道具与陪衬物用在石色处掩瑕为巧，水到渠成。整件作品金包玉的皮色，难得一见。

二十二、和合二仙

“姑苏城外寒山寺，夜半钟声到客船。”不知是张继的诗篇，还是寒山的近仙杂儒，遂使寒山寺闻名遐迩。

据史料记载，古刹始建于南朝梁武帝时期，最初叫“妙利普明塔院”，因唐代高僧寒山曾于贞观年间云游到此任住持后，才改称寒山寺，嗣后被塑成佛像供众人瞻仰。民间关于寒山子的出家说法颇有心理色彩：寒山本与拾得同住北方乡村，情同手足，很有交情，寒山略长。两人同时爱上了“芙蓉”姑娘，但都希望对方与芙蓉结为夫妻。当寒山得知拾得要与芙蓉完婚时，便决定削发为僧成全拾得。寒山出家前在墙上画了一个光头和尚，旁边还留了一首五言诗：“相唤采芙蓉，可怜清江里……此时居舟楫，浩荡情无已。”写完便悄悄出走了。拾得悉知此讯亦舍女来江南遍寻寒山。当探知其住所后，乃折一盛开之荷花前往礼之。寒山一见，急持一盒斋饭出迎。二人乐极，相向共舞。从此二人同入佛门，还经常吟诗唱偈，并题诗于山林舍间。后人把他们的诗篇结集为《寒山子诗集》。

和田白玉方牌：和合二仙

（吴德昇作品。长9.4厘米，宽4.7厘米，厚1.2厘米，重132.87克。李俊平提供拍摄）

天台县郊有座国清寺，从隋塔下方经

七佛塔往国清寺须经一桥一亭，这条山路叫“拾得岭”，路边凉亭命“寒拾亭”。相传唐时隐居在此的诗人寒山子，因在路旁抱得“拾得”，并把他培养成为高僧，以纪念国清寺内的这位高僧事迹，桥亭有了相应的称谓。这是二人身世的又一版本。

也有人说，拾得本姓张，河南人氏。生活在唐贞观年间，生性迟钝，不爱言语，但极善奔跑，一天能往返万里，人称“万回”。他的画像则为右手执棒，左手拿拨浪鼓，穿一身绿衣，蓬头傻笑。迟至明末清初，方始将拾得与寒山相组合，结成一对。

但佛教界则认为：两位僧人，分别是文殊、普贤菩萨转世，系唐时的佛门子弟。史述，清雍正十一年，敕封寒山为“和圣”，拾得为“合圣”。奉为掌管结婚之喜神，并有“欢天喜地”之别称，即团圆神和喜庆神。民间所绘和合神仙，穿绿衣，梳刘海，一人持荷花，一人抱斋盒，互相拥抱笑作一团，取“和谐好合”之意。

据《周礼·地官》在“媒氏”疏中云：“使媒求妇，和合二姓。”这应是“和合”的正说。有了和睦同心、和谐好合、和气致祥的本义。和合二仙在各类印刷品和年画中则普遍象征夫妻间的相亲相爱，百年好合。和合之神也被附会成蓬头笑面、天真无邪、充满稚气的孩童形象。玉雕制作系仿庙宇内的二者塑像为主，做成摆件，给人以喜庆、热闹之感，喻意和气生财、合家欢乐。

台湾文石摆件：和合二仙

和田戈壁料摆件：和合二仙（陈羽彧收藏）

锦鲤打挺逐浪高，和合二仙乐逍遥；
手持荷梗连天碧，人间长忆游京兆。

木已成舟。自恋也好、自责也罢，书稿是改出来的，不是写出来的。我的学历限制了我的水平，而我的阅历却助推了我的知识、能耐。尤其是往来的朋友一再“吹捧”我，骨头就轻了。竟敢大言不惭戏说：“上次得了个二等奖，这次争取得个一等奖。”但我确实努力了，呈现在您面前的便是我做了些许功课之后的一份答卷。

在这最后成书冲刺的半年时间内，我经历了丧妻之痛，也经受了“被打官司”之冤。石不骗人，人骗人。生命中有一半时辰是在和石头打交道，最终反被石头所累。是创作给了我面对伤心的沉重和烦恼之力，是书写给了我诉之笔端的愉悦和自豪，更是编辑、读者给了我支撑的毅力。

在此，我特别要感谢我的挚友张正建、李遵清、汪朝国、沈德盛、翟倚卫、李俊平等，包括地矿工程师姚关田先生所给予的大力支持和帮助。我能对珠宝玉器产生兴趣，并成为我的终身职业，这完全是在偶然的前提下，被全国玉雕特级大师关盛春所熏陶而领进门。关老已于去岁以期颐之年仙逝而去，我十分缅怀他！他的作品和画稿在书中将长留久存，他对玉雕行业的贡献更是众所周知、有目共睹的。

书中绝大部分的照片是由高级摄影师王英敏先生所摄，在他的精心配合下，本书增色不少。在新闻单位工作的女儿陈羽彧，也为文字整理工作花费了大量的时间和精力，在我心力交瘁时，给予我安慰和希冀。所有熟悉和不太熟悉的朋友、同事们都带给我许多相知的欢乐，我会珍惜、珍藏！

2012 年 4 月 15 日凌晨

记于东方天伦寓所